王春亭　王誉桦　著

詠梅匭額攟趣

明莹之题

齊魯書社
·济南·

图书在版编目（CIP）数据

咏梅匾额撷趣 / 王春亭, 王誉桦著. -- 济南 : 齐
鲁书社, 2024. 7. -- ISBN 978-7-5333-4977-6

Ⅰ . S685.17；K875.4

中国国家版本馆CIP数据核字第2024LL6730号

封面题字　陈明芝
责任编辑　李军宏
封面设计　刘羽珂

咏梅匾额撷趣

YONGMEI BIANE XIEQU

王春亭　王誉桦　著

主管单位	山东出版传媒股份有限公司
出版发行	齊魯書社
社　　址	济南市市中区舜耕路517号
邮　　编	250003
网　　址	www.qlss.com.cn
电子邮箱	qilupress@126.com
营销中心	（0531）82098521　82098519　82098517
印　　刷	山东新华印务有限公司
开　　本	720mm×1020mm　1/16
印　　张	17.25
插　　页	2
字　　数	250千
版　　次	2024年7月第1版
印　　次	2024年7月第1次印刷
标准书号	ISBN 978-7-5333-4977-6
定　　价	98.00元

作者王春亭

（2024年3月拍摄于雪山梅园）

作者王誉桦

（2021 年 3 月拍摄于雪山梅园）

前　言

　　匾额，是我国特有的悬挂于某种建筑物之上，以表明其名称、性质，或表达义理、情趣、追求的一种文学艺术形式。它集语言、文化、书法、艺术、治印、雕刻、漆艺等于一体，是中华民族的艺术瑰宝。

　　顾名思义，咏梅匾额就是将与梅花有关的内容融入其中并悬挂于某种建筑物上的艺术形式。

　　从笔者目前掌握的资料看，存世最早的咏梅匾额，当属明代文坛后七子领袖王世贞（1526—1590）为当朝首辅王锡爵所题的"绣雪堂"。明泰昌元年（1620），书法家董其昌为元代书画家吴镇题"梅花庵"，以此纪念他，但那时王世贞已去世多年，故"绣雪堂"早于"梅花庵"。需要指出的是，早于明代"绣雪堂"的建筑还有一些。比如建于南朝时期的"古梅花观"（浙江湖州金盖山），但其正门匾额"古梅福地"是清嘉庆年间郑亲王所书；又如建于宋至道二年（996）的"梅庵"（广东肇庆），其匾额为清道光年间广东南海李□所书等。上述皆晚于"绣雪堂"。

　　咏梅匾额的分布区域，主要在江苏、浙江、河北、河南、安徽、湖北、湖南、江西、广东、福建、云南、台湾、四川、陕西、山东、辽宁、甘肃、北京、上海、重庆等地，以江浙居多。

　　咏梅匾额的表现形式，主要有木、石、砖、镜心与画框装裱等。从书中收录的230块匾额看：木匾164块，约占匾额总数的71%；石匾24

块，约占匾额总数的10%；镜心与画框装裱29块（幅），约占匾额总数的13%；砖匾13块，约占匾额总数的6%。以木质匾额最多。

咏梅匾额的匾文一般为三字或两字，如暗香、疏影、凝香、晴雪轩、笼月楼等，但有的匾文字数较多，如无锡梅园的"一生低首拜梅花"、杭州西湖云亭的"梅花小寿一千年"、清代金石家张廷济为徐同柏题写的"松雪竹风梅月之庐"等。

咏梅匾额一般都有上下款，上款一般题受匾人姓名或年月，下款一般题年月、题匾人姓名、题匾因由等。从上、下款内容的欣赏价值看，下款内容更加丰富多样。比如清代理学家冯经为广州玉嵒书院题写的"上方香国"下款，"萝峰寺，禺东胜境也。层峦环绕，梅林罗列，远眺者无不乐而忘返焉。中秋前余适赋闲居，携榼登临信宿于此，奈寒香非时，不无憾事。今冬再作踏雪之游，香冷风寒，遍满山谷，因酒酣兴至，爰笔四字，用颜其额，以视罗浮梅花邨，奚多让耶？是为跋。光绪四年戊寅腊月朔日凤城冯经仙石氏并书"，将题此匾额的时间、地点、由来以及当时的心情描写得细腻生动，读来让人有一种身临其境之感。又如当代著名书法家瓦翁为苏州怡园南雪亭题写的"南雪"，下款为"周草窗云，昔潘庭坚约社员剧饮于南雪亭梅花下，传为美谭。今艮庵主人新辟怡园建一亭于中，种梅多处，亦颜此二字，意盖续南宋之佳会。而泉石竹树之胜，恐前或未逮也。辛丑三月，瓦翁补书"，将南雪亭的历史、由来与现状清晰而生动地描述出来。

例　言

一、匾额收录数量

本书共收录咏梅匾额230块，其中正文196块，附录34块。

二、匾额入选标准

1.凡与梅花有关的匾额均在收录范围之内。

2.有的建筑物没有匾额，而是以石碑的形式立于建筑内，如河北沙河城镇十里铺村的"梅花亭"、湖南岳阳楼景区的"仙梅亭"。有的则是以石刻的形式镶嵌于该建筑物的基座上，如江苏无锡梅园的"天心台"等，也收录其中。

3.有的是镜心或画框装裱的形式，未制成匾额，如清代金农的"梅华诗屋"，现代李瑞清的"玉梅花盦"、梅兰芳的"缀玉轩"等，也收录其中。

三、匾额主要收集渠道

1.实地考察、考证。

2.期刊、典籍引用。

3.专家、学者、友朋支持。

四、匾额称呼

按现在一般叫法，横者为"匾"，竖者为"额"。

五、匾额规格尺寸

2023年以前收录的匾额，一般未标明规格尺寸，因笔者当时尚未有此写作计划。另外，需要说明的是，匾额尺寸一般是笔者用手机"测距仪"测量，由于受地形、高度、距离等因素的影响，有的只能靠目测，故规格尺寸只能是基本准确。

六、匾额所在地

个别匾额取材于有关典籍文献，其具体所在地不明确，如清代孙熹的"九梅书屋"、徐同柏的"松雪竹风梅月之庐"等，是根据受匾人所在地记录的匾额位置。

七、匾额简析说明

凡是同一匾额但是不同形制及不同题匾额者，如郑逸梅先生的斋名"纸帐铜瓶室"（三个）和梅兰芳先生的书斋名"缀玉轩"（六个）等，或者同一建筑但是不同名号者，如江苏盐城宋氏宗祠的两个堂号"梅赋堂"和"竹渡堂"，"【简析】"栏目一律放置最后，以示"总结"之意。

目 录

一、诗词歌赋类

1.暗香

【匾文】暗香（笔者2023.10.10拍摄）。

【释意】幽香涌动，沁人心脾。

【款识】无款。

【规格】80厘米×40厘米。

【材质】石匾。

【简析】暗香亭位于上海古猗园北部，是暗香园入口处的一个半亭。亭名取意于宋代林逋"疏影横斜水清浅，暗香浮动月黄昏"之诗句。此处由亭、廊、堂、轩、小桥、流水、假山等组合而成。暗香园内植各色梅花、蜡梅数十株，花开时节，可在此细细地品味其中的风雅古意，静静地追寻那涌动的幽香……

注：古猗园，位于上海嘉定区南翔镇，国家AAAA级旅游景点，上海五大古典园林之一。

2. 暗香

【匾文】暗香（笔者2023.5.15拍摄）。

【释意】清幽芬芳，在月下浮动。

【款识】下款：陈越峰。

【规格】100厘米×28厘米×5厘米。

【材质】木匾。

【题匾人】陈越峰，中国书法家协会会员。

【简析】该亭位于浙江绍兴蕺山公园东麓半山腰上，五角攒尖木亭，周围无梅。但山脚下梅树较多，只是大部分长势不好，有的已经枯萎，主要因梅花周围的高大乔木遮荫所致。

3. 暗香浮动

【匾文】暗香浮动（笔者2023.10.11拍摄）。

【释意】微风吹拂，暗送梅香。

【款识】下款：丁卯初冬，霜屋张辛稼书于听枫园。

【规格】150厘米×50厘米×3厘米。

【材质】木匾。

【题匾人】张辛稼（1909—1991），名国枢，字星阶，别署"霜屋老农"，江苏苏州人。画家。曾任江苏美术专科学校教师，中国美术家协会会员，江苏美术家协会理事，苏州国画院院长等。

【简析】暗香浮动取意于宋代林逋"疏影横斜水清浅，暗香浮动月黄昏"之咏梅名句。水榭后墙悬挂木制条幅八块，内容为明代诗人高启《梅花九首》其一、其二、其三、其九，书画家、篆刻家程质清先生书写。

该榭位于江苏苏州报恩寺塔（俗称北寺塔）雨花池东岸，与对面小庾岭上的疏影亭遥遥相对。从水榭向西望去，报恩寺塔和园内的建筑、山石尽在绿荫掩映之中，景色优美，艳丽迷人。

4. 暗香阁

【匾文】暗香阁（笔者2023.10.13拍摄）。

【释意】梅香清幽之阁。

【款识】上款：（一）九八二年春月。下款：杜平。

【规格】160厘米×70厘米×6厘米。

【材质】木匾。

【题匾人】杜平（1908—1999），江西万载人。中国人民解放军军事指挥员和政治工作领导者。爱好诗词、摄影、书法，被誉为"将军书法家"。

【简析】暗香阁是1982年在南京梅花山上新建的一组仿古建筑，阁名取自北宋诗人林逋"疏影横斜水清浅，暗香浮动月黄昏"诗句。建筑造型优美，清新淡雅，布局精巧，朴实无华。

暗香阁现被辟为博物馆陈列厅，布置陈列明孝陵图片及出土文物，举办咏梅书画作品展等。

5. 暗香疏影

【匾文】暗香疏影（笔者2023.10.11拍摄）。

【释意】香气清幽，枝影疏朗。

【款识】下款：非闇，时年七十。

【规格】180厘米×50厘米×4厘米。

【材质】木匾。

【题匾人】于非闇（1889—1959），祖籍山东蓬莱，出生于北京，原名照，字非闇。近代工笔画家、书法家、篆刻家。

【简析】暗香疏影楼位于江苏苏州狮子林，匾文取意于宋代诗人林逋《山园小梅》"疏影横斜水清浅，暗香浮动月黄昏"之句。该楼为一组二层建筑，一楼展览、陈列各种赏石、历代碑刻，二楼现已辟为"疏影咖啡厅"，经营咖啡、软饮、冰淇淋等。该楼右前方植梅两株，其中一株长势较好，树龄约七八年，另一株长势较弱，似移植不久。

暗香疏影楼依湖而建，与石舫、飞瀑、听涛亭、古银杏等共同组成西部景区，山石楼亭，高低错落，绿树掩映，花木扶疏，营造出一种清幽静谧的意境。

6. 别有春

【匾文】别有春（胡中先生提供照片）。

【释意】另有一番春意。

【款识】下款：乙亥腊月，吴子刚书。

【规格】不详。

【材质】木匾。

【题匾人】吴子刚，曾任杭州园林文物局副局长。其余不详。

【简析】亭名取意于宋代范成大《亲戚小集》"月从雪后皆奇夜，天向梅边有别春"之诗句、明代方茂夫《西郊寻梅》"疏枝冷蕊原无意，野水荒山别有春"之诗句。别有春亭位于杭州灵峰探梅品梅苑景区，这里梅花品种繁多，造型奇特。每年早春，各色梅花争奇斗艳，竞相绽放，让人们感受到浓浓的春天气息。

7. 锄月轩

【匾文】锄月轩（笔者2023.10.11拍摄）。

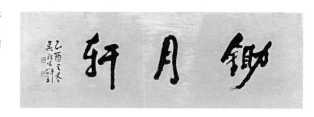

【释意】披着月色、锄地种梅之轩。

【款识】下款：乙酉之冬，吴㕮木，年八十五。

【规格】180厘米×50厘米×4厘米。

【材质】木匾。

【题匾人】吴㕮木（1921—2009），浙江桐乡人，幼年随父从上海迁居苏州。著名画家，美术教育家。曾任江苏工艺美术协会会长、苏州国画院院长、苏州吴门画派研究会会长等。

【简析】锄月轩位于江苏苏州沧浪亭西北角，轩名取自宋代刘

翰"惆怅后庭风味薄,自锄明月种梅花"之诗句,意为借着月色进行耕作,有隐逸清高、"带月荷锄归"之意。锄月轩为三开间式,面积一百平方米左右。据传,当年园主在轩前植老梅数株,梅花绽放时锦绣参差,如梦如幻。

此处现已辟为办公区,轩前小院内有海棠一株,翠竹数丛,已无梅。

8. 浩歌亭

【匾文】浩歌亭(笔者2024.4.8拍摄)。

【释意】放声高歌之亭。

【款识】下款:庚寅立夏日贵筑黄彭年题。苏南工业专科学校扩展,以可园为校舍,五年于兹。今届创校四十五年,爰修此亭,并新其额,以志纪念。一九五六年五月,邓邦逖。

【规格】170厘米×40厘米×3厘米。

【材质】木匾。

【题匾人】邓邦逖(1886—1962),今江苏南京江宁区人。工业教育家、纺织工程学专家。长期从事教育事业,艰苦办校,严谨治学。

【简析】浩歌亭位于江苏苏州可园北部梅岭最高处,亭名取意于元代王冕《梅花》一诗中"浩歌拍拍随春风,大醉惊倒江南翁"之句。亭周围现有梅花一株(据说原有古梅数十株),蜡梅十株,另有大叶箬竹、南天竹、红枫等。冬春时节，登亭小坐，暗香浮动，疏影横斜，"独坐检翻春意倦，浩歌亭上伴梅花"（清·金孟远《吴门竹枝词》），至足乐也。

注：光绪十六年（1890），黄彭年［贵州贵筑（今属贵阳）人，清代官吏、学者，道光二十七年（1847）进士，官至江苏布政使］题亭额"浩歌"。

9. 嘉实亭

【匾文】嘉实亭（笔者2024.4.8拍摄）。

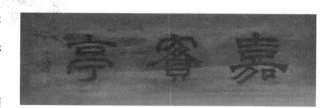

【释意】结满美好的梅子之亭。

【款识】下款：徵明。

【规格】115厘米×35厘米×3厘米。

【材质】木匾。

【题匾人】文徵明（1470—1559），长洲（今江苏苏州）人。明代著名画家，书法家，文学家。

【简析】嘉实亭位于江苏苏州拙政园之枇杷园南部，北向，四角攒尖顶，两侧悬挂"春秋多佳日，山水有清音"联。亭名取自宋代黄庭坚"江梅有佳实，托根桃李场"之诗句。亭后植蜡梅两株，其中一株树龄在五十年左右，结有许多嫩绿色的种子。亭院内又栽植枇杷树（十六株）、芭蕉、竹子等；亭墙正中开有方形窗洞，窗洞外矗立一太湖石；石旁冬有蜡梅，夏有芭蕉，组成一幅天然的立体画卷。

10. 旧时月色

【匾文】旧时月色（笔者 2019.5.21 拍摄）。

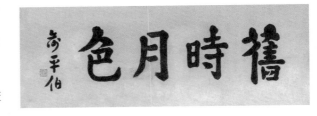

【释意】昔日皎洁的月色。

【款识】下款：俞平伯。

【规格】不详。

【材质】木匾。

【题匾人】俞平伯（1900—1990），原名俞铭衡，字平伯。浙江湖州人，出生于苏州。中国当代著名散文家、红学家，新文学运动初期诗人，中国白话诗创作先驱者之一。

【简析】旧时月色，取意于南宋文学家、音乐家姜夔词作《暗香·旧时月色》"旧时月色，算几番照我，梅边吹笛"。月光皎洁，梅香四溢，笛声悠扬，抒发了词人怡然自得、恬淡闲适的情怀。

该匾悬挂于苏州虎丘冷香阁二楼南面落地窗罩上方，楼前植梅数十株。于此品茗赏梅，别有一番情趣。

11. 嚼梅亭

【匾文】嚼梅亭（笔者2012.4.29拍摄）。

【释意】饮冰嚼梅之亭。

【款识】上款：辛未年□□。下款：俞德明题。

【规格】不详。

【材质】木匾。

【题匾人】俞德明，1928年生，浙江东阳人。中国书法家协会会员，中国书法艺术研究院教授，西泠书画院特聘画师，杭州市政协书画院画师等。

【简析】嚼梅亭，位于浙江宁波天童寺外

释敬安禅师圆寂之所——冷香塔院内，亭内置"寄禅老和尚德相"

石碑，正面镌刻释敬安禅师德相，背面刻寄禅旧作《冷香塔自序铭》，详述了禅师的生平事迹。

注：禅师释敬安（1851—1912），俗名黄读山，法名敬安，法号寄禅，湖南湘潭人。爱国诗僧。曾任天童寺方丈，中华佛教总会首任会长，极爱梅，著有《嚼梅吟》《八指头陀诗集》《白梅诗》等。其诗友杨灵荃曾为《嚼梅吟》题跋曰："吾友寄禅子，性爱山，每跻攀必凌绝顶，务得奇观……若隆冬，即于洞底敲冰和梅花嚼之，故其诗带云霞色，无烟火气。""嚼梅亭"即缘于此。

12. 落梅轩

【匾文】落梅轩（笔者2024.4.11拍摄）。

【释意】梅花漫天飘落之轩。

【款识】下款：陈俊愉。

【规格】200厘米×60厘米×5厘米。

【材质】木匾。

【题匾人】陈俊愉（1917—2012），祖籍安徽安庆，出生于天津。园林及花卉专家，中国工程院院士，北京林业大学园林学院教授、博士生导师，中国花卉协会梅花蜡梅分会会长，国际梅品种登录权威。

13. 落梅轩

【匾文】落梅轩（笔者2024. 4.11拍摄）。

【款识】下款：冠华。

【规格】280厘米×180厘米×8厘米。

【材质】木匾。

【题匾人】高冠华（1915—1999），江苏南通人。著名书画艺术家，美术教育家。生前为中央美术学院教授，中国美术家协会会员，中国画研究院终身导师等。

【简析】落梅轩位于湖北武汉黄鹤楼景区内，建于1993年，轩名源于唐代著名诗人李白"黄鹤楼中吹玉笛，江城五月落梅花"之诗句。轩高六米半，呈方形结构，四面开敞，顶部有飞檐和斗拱。院内、轩前种植真梅系、樱李梅系梅花十数株，每到冬春之交，梅花盛开，香气四溢。

轩内有演出厅，每天都有几场颇具楚地特色的歌舞表演与古乐器演奏。比如《鹤舞九天》，古装美女裙摆飞扬，舞步蹁跹；《太平盛世》，各种乐器合奏，钟鼓齐鸣，大气磅礴……游人心旷神怡，流连忘返。

14. 梅赋堂

【匾文】梅赋堂（笔者2023.9.14拍摄）。

【释意】歌咏梅花之堂。

【款识】下款：射陵宋曹。

【规格】300厘米×100厘米×6厘米。

【材质】木匾。

【题匾人】宋曹（1620—1701），字彬臣，号射陵，明代江苏盐城人。书法家，诗人，著有《书法约言》《杜诗解》等。

15. 竹渡堂

【匾文】竹渡堂（笔者2023.9.14拍摄）。

【释意】编竹救蚁之堂。

【款识】下款：板桥郑燮。

【规格】300厘米×100厘米×6厘米。

【材质】木匾。

【题匾人】郑燮（1693—1766），字克柔，号板桥，江苏兴化人。

乾隆元年（1736）进士，著名书画家，文学家，"扬州八怪"之一。

【简析】江苏盐城大纵湖旅游度假区东晋水城内，有一座气势恢宏的宋氏宗祠。令人感到新奇的是，宋氏宗祠竟有两个堂号——梅赋堂与竹渡堂。

梅赋堂，出自宋氏先祖宋璟的传世名篇《梅花赋》。宋璟（663—737），今河北邢台沙河城镇十里铺村人，唐代四大名相（房玄龄、杜如晦、姚崇、宋璟）之一。宋璟在考取功名前，写过一篇《梅花赋》，备受称道，对后世影响很大。据记载，1750年乾隆巡幸河南返京途中，因推崇宋璟的品德和他的《梅花赋》，故专程到宋璟故里祭拜宋璟墓，在梅花亭前亲笔书录了宋璟的《梅花赋》，并赋诗一首，画古梅一幅等。后来，宋氏后人在祭祖时就把

梅赋堂作为宋氏家族的堂号。

竹渡堂，源自北宋宰相宋庠（初名郊）读书时编竹救蚁的故事。相传北宋年间，宋氏先祖一门有哥哥宋郊、弟弟宋祁两兄弟。一日大雨，水即将淹没书房边蚁穴，宋郊遂编了一个竹桥让蚂蚁们渡过逃生。十年后，兄弟俩一齐进京赶考。结果弟弟宋祁考中状元，哥哥宋郊排名在后。当时章献太后垂帘听政，得知兄弟二人跻身三甲，但弟弟位列头名，感觉不妥，询问原因，知道宋郊卷中有诗"月行竹渡"，诗意极佳，可惜他把"渡"字的三点水写成了两点水，因此不宜钦点状元。太后查阅试卷，但奇怪的是，两点水又变成了三点水，遂责问主考官。主考官战战兢兢地上前一捻，原来那生出的一点是一只蚂蚁。主考官捻了一只蚂蚁，又有一只蚂蚁填上，再捻再填，太后看了非常吃惊，深知其中必有缘故，便叫来宋郊询问。宋郊想起当年竹渡蚁命之事，便奏明太后。是时，正值章

献太后倡导以孝、善治国，听宋郊奏罢，深受感动，朱笔一挥，钦点宋郊为状元，并命人将宋郊"竹渡蚁命"的故事传扬天下。宋氏后人便把"竹渡堂"做了祠堂的分堂号。

宋氏宗祠是一座以徽派风格为主的明清建筑，占地三十余亩，坐北朝南，直面大湖，抱水藏风，古朴典雅，文经史脉纳于一堂，堪称"苏北第一祠"。

16. 梅花亭

【额文】梅花亭（笔者2006.9.21拍摄）。

【释意】吟咏梅花之亭。

【款识】上款：重点保护文物。下款：沙河县人民政府，八二·六。

【规格】不详。

【材质】混合水泥沙浆。

【简析】梅花亭位于河北邢台沙河城镇十里铺村，因唐朝宰相宋璟《梅花赋》而命名。明正德十一年（1516），由沙河知县方豪修建。当初只是一个普通的亭子，后毁于地震与水患。康熙四十七年（1708），沙河知县孔尚基在任期间，自己捐款重修梅花亭。

乾隆十四年（1749），沙河知县孙凤立赴京走亲访友，无意中获悉乾隆帝翌年南巡，返途路过沙河。于是，孙凤立回来后就对梅花亭和宋璟墓园进行修缮并大加开拓，修建回廊曲槛，并造桥引水，将梅花亭建成一座小巧玲珑、景色优美的梅花公园。乾隆十五年（1750），乾隆巡视河南赴京途中驻跸此处时，感念前贤，挥毫行书宋璟《梅花赋》，并作"东川诗"，又画古梅一枝，以赞颂一代名相的贤达。笔者于2006年9月到此考察时，乾隆的诗、赋、画刻石分别存放在梅花亭右后侧的平房内（当时是一处小学）。

近年来，当地政府已着手对梅花亭整个园区进行修缮翻新，这里已成为一个独具特色的旅游文化胜地。

17. 绮窗春讯

【匾文】绮窗春讯（笔者2023.10.11拍摄）。

【释意】镂花窗外，寒梅传来春天的信息。

【款识】上款：甲子春日。下款：朱修爵。

【规格】220厘米×50厘米×4厘米。

【材质】木匾。

【题匾人】朱修爵，清代书画家。其余不详。

【简析】绮窗，雕刻或绘饰很精美的窗户。春讯，春天的信息。"绮窗春讯"取自唐代王维《杂诗》"来日绮窗前，寒梅著花未"诗意。此匾悬挂于江苏苏州狮子林西部园景主体建筑——"问梅阁"内。

阁前植朱砂、宫粉（或玉蝶）型梅花五株，蜡梅一株。梅间铺地以梅花点缀，阁内桌椅为梅花造型，窗纹、地面、八扇屏风上的书画也以梅花图案点缀，充分体现了文人士大夫的审美情趣。

18. 疏影

【匾文】疏影（笔者2023.10.11拍摄）。

【释意】梅花稀疏的枝影。

【款识】下款：黄泊云。

【规格】60厘米×30厘米×3厘米。

【材质】木匾。

【题匾人】黄泊云，1966年生，江苏苏州人。书画家。所作山水、花鸟、人物皆具清雅古淡之气。

【简析】该亭位于江苏苏州报恩寺塔（俗称北寺塔）黄石假山"小庚岭"之上，六角攒尖小亭，亭角翼然，造型纤秀。亭右、后植梅近二十株，另有绿竹、苍松、白皮松等。每至冬末春初，红梅、苍松、翠竹与嶙峋山石相映成趣，宛如一幅最美的国画。

19. 疏影斋

【匾文】疏影斋（笔者2019.5.20拍摄）。

【释意】暗香疏影之斋。

【款识】下款：玉口。

【材质】木匾。

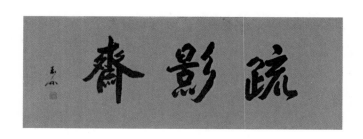

【题匾人】不详。

【简析】疏影斋位于江苏苏州吴中区木渎镇严家花园（羡园）。斋前遍植梅花，红英绿萼，颇具宋代林逋"暗香疏影"之意境。

20. 天心台

【匾文】天心台（笔者2023.10.12拍摄）。

【释意】梅花点点天地心。

【款识】无款。

【规格】50厘米×30厘米。

【材质】黄石。

【题匾人】不详。

【简析】"天心台"源于"读书之乐何处寻，数点梅花天地心"

（宋·翁森《四时读书乐》）之诗意。天心台位于江苏无锡梅园太湖石峰之后，建于1914年（一说1915年），台基用黄石而筑，周围有小溪潆绕，上架"野桥"。"天心台"三字刻于黄石基座一侧。这里以梅饰山，依山植梅，花径蜿蜒，湖石玲珑，古雅别致，神韵清幽。

注：笔者到此考察时，据无锡梅园主任董斌仁先生介绍，"天心台"原有匾额，但现在不知存放何处。

21. 问梅

【匾文】问梅（笔者2023.10.12拍摄）。

【释意】探询梅花之坊。

【款识】下款：陈俊愉。

【规格】100厘米×40厘米×5厘米。

【材质】石匾。

【题匾人】陈俊愉（1917—2012），祖籍安徽安庆，出生于天津。园林及花卉专家，中国工程院院士，北京林业大学园林学院教授、博士生导师，中国花卉协会梅花蜡梅分会会长，国际梅品种登录权威。

【简析】"问梅"石坊位于江苏无锡梅园东麓，坊名源于唐代王维《杂诗》"来日绮窗前，寒梅著花未"之句，有探访、寻求梅花之意。1988年，无锡园林部门对横山风景区进行开发时，在东麓建造了梅园新大门，入门后即建此坊。

22. 问梅阁

【匾文】问梅阁（笔者2023.10.13拍摄）。

【释意】探访梅花之阁。

【款识】下款：黄惇。

【规格】80厘米×40厘米×5厘米。

【材质】木匾。

【题匾人】黄惇，1947年生于江苏太仓，祖籍扬州。南京艺术学院教授，艺术学、美术学博士生导师。历任南京艺术学院研究院副院长、艺术学研究所所长，《艺术学研究》学刊主编。

【简析】问梅阁位于江苏南京雨花台梅岗，此为一组综合性建筑，亭、阁、轩依廊而建，幽僻清雅，别具韵味。周围栽植蜡梅八株，梅花五十余株，枝干虬曲，苍劲嶙峋，且有雨花台梅岗之梅所特有的清气、豪气与风骨。

23. 问梅槛

【匾文】问梅槛（笔者2023.5.15拍摄）。

【释意】寻访梅花之草屋。

【款识】下款：沈定庵题。

【规格】150 厘米 × 70 厘米 × 4 厘米。

【材质】木匾。

【题匾人】沈定庵（1927—2023），浙江绍兴人。当代隶书大家，浙江省文史馆员。曾任中国书法家协会理事，浙江省书法家协会副主席，兰亭书会会长，绍兴市书法家协会主席等。

【简析】问梅槛位于浙江绍兴沈氏园内，是一座凌池而建的仿宋建筑，茅草覆顶，形状古朴，一派原始味道。左侧有一长廊，约三十米，两侧挂满了各地游客的祈福牌和见证恋人忠贞不渝的刻字风铃等。

"问梅"，有询问、探求梅花之意。南宋著名诗人陆游一生爱梅，据不完全统计，仅咏梅诗词就达四百首之多。因此，沈园种植最多的植物就是梅。

另外，"问梅"还有一层意思。据说，此处曾经是陆游与唐婉赏梅的地方。唐婉是陆游的表妹，两人青梅竹马，两小无猜，婚后感情

甚笃。但因唐琬未能生子，得不到陆母欢心，两年后两人被迫分手。十几年后，陆游春游沈园，邂逅唐婉，感慨万千，无限悲戚，心绪难平。因此，这里的"问梅"还有一层意思，就是"问妹"（"梅""妹"谐音），即十几年未能见面，"妹妹"生活得怎么样啊？

问梅槛前有一泓清水，两侧有蜡梅、梅花数株，梅花树龄都在二十年左右。夏日，荷叶随风摇曳，粉嫩娇艳；冬天，梅花红英绿萼，暗香浮动，格外迷人。

24. 问梅亭

【匾文】问梅亭（笔者2023.4.16拍摄）。

【释意】问询梅花之亭。

【款识】下款：蒋平畴。

【规格】120厘米×40厘米×4厘米。

【材质】木匾。

【题匾人】蒋平畴，1944年生于福建福州，祖籍福建长乐。福州画院高级画师，福建省书法家协会副主席，福建省诗词学会副会长等。

【简析】问梅亭位于福建福州南公园内。此处建亭，源于清同治年间福建巡抚王凯泰的爱梅情结。王凯泰（1823—1875），字补帆，江苏宝应人。道光三十年（1850）会试第二名，入翰林院，授编修。历任浙江按察使、广东布政使、福建巡抚等职。任职期间，课吏兴学，裁决陋规，颇有政绩。

王凯泰一生爱梅。1870年，王凯泰到福州任福建巡抚，在任职五年内，他先后在福州市的绘春园、西湖书院、乌石山等处三次建造十三本梅花书屋。

绘春园即现在的城南公园。王凯泰到福州赴任后，曾捐金修复该花园，广植梅花，修建十三本梅花书屋，并亲笔题写十三本梅花书屋斋额，现已无迹可寻。

问梅亭建于南公园一假山之上（笔者于2014年3月到此考察时尚未建此亭），雕梁画栋，造型精美。亭周围植梅花五株（其中一株死亡），均为朱砂型。

注：王凯泰的五世伯祖王式丹，是康熙四十二年（1703）的会元及状元。康熙五十二年（1713）某一日，王式丹在梦中见到一个梅花满庭、幽若仙境的地方，一位老者用手杖指着梅花说："这十三棵梅花送给你。"醒来后，王式丹立即请扬州著名画家禹之鼎（字尚吉，当时为京城画师）依照梦境绘制了《十三本梅花书屋图》，在当时成为文坛的一段佳话。

不过，王式丹生前未建十三本梅花书屋，直到后来，王式丹的曾孙王嵩高（字少林，1763年进士）购得《十三本梅花书屋图》后，才依图构建了十三本梅花书屋，使梦境变成了现实。

25. 香海

【匾文】香海（笔者2023.10.12拍摄）。

【释意】梅香如海。

【款识】下款：萧娴书。

【规格】150厘米×50厘
米×4厘米。

【材质】木匾。

【题匾人】萧娴（1902—

1997），贵州贵阳人。书法家。曾任中国书法家协会名誉理事，江苏省书法家协会副主席，南京市书法家协会名誉主席等。

26. 香海

【匾文】香海（笔者2023.10.12拍摄）。

【款识】下款：己未八月游梅园，南海康有为题。旧伪吾书作香雪海，甚劣。为补书，去雪字。名园自合称香海，伪字如何冒老夫？为谢主人濡大笔，且留佳语证真吾。梅园主人荣君德生以五十金请人觅吾书香雪海。吾来视非吾书，乃补写题诗。更蚶。

【规格】200厘米×42厘米×5厘米。

【材质】木匾。

【题匾人】康有为（1858—1927），字广厦，号更甡，广东南海人。清代著名政治家、思想家、教育家。

【简析】香海轩位于江苏无锡梅园，敞厅三间，门窗为西式，拱圈形轩屋，门前立荣德生先生铜像。香海轩有两方匾额，萧娴所书置轩前檐下，康有为所书在轩内。

无锡梅园始建于1912年，香海轩建于1914年。香海轩建成后，梅园主人曾遍求名家匾额，后以五十金从他人手中觅得康有为"香雪海"手迹，并将其制成匾额悬挂于轩内。1919年，康有为应荣先生之邀到梅园游玩，却见"香雪海"匾为他人假冒自己的名字所书，于是挥笔题写"香海"二字，并题诗跋。抗日战争期间，无锡

沦陷，康有为手迹下落不明。1979年，康有为女弟子萧娴为之补书。1991年，无锡园林部门在南京博物馆发现了康有为所书"香海"手迹，重新制匾，悬挂于轩内。

站在香海轩前平台，可俯瞰美丽的梅林景色，此乃园中最佳赏梅之处。

27. 香如故堂

【匾文】香如故堂（何相达先生提供照片）。

【释意】梅香永留人间之堂。

【款识】下款：李一氓。

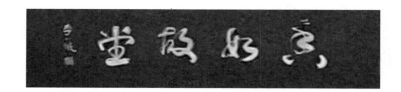

【规格】不详。

【材质】木匾。

【题匾人】李一氓（1903—1990），四川彭州人。外交家，学者，诗人，书法家，收藏家。

【简析】香如故堂位于四川崇州罨画池陆游祠，堂内主要陈列陆游生平简介及陆游手迹碑刻等。

28. 香雪草堂

【匾文】香雪草堂。

【释意】高雅芳洁之居。

【款识】上款：甲寅长夏。下款：抱冲居士。

【规格】不详。

【材质】镜心。

【题匾人】潘遵祁（1808—1892），字顺之，号西圃、简缘退士、抱冲居士等，吴县（今江苏苏州）人，清代著名藏书家潘奕隽之孙，乙卯（1795）恩科探花潘世璜之子，状元潘世恩之侄。书画家。道光二十五年（1845）进士，道光二十七年（1847）选授翰林院编修。潘遵祁淡于仕宦，不久便乞假归，隐邓尉，在吾家山（原名马驾山，"香雪海"所在地）下倪巷村建造私家园林——香雪草堂，咸丰四年（1854）建成。园林楼阁错落，亭台有致；泉石幽深，花木扶疏。潘遵祁在此享山居之乐达四十余载。

此匾即为香雪草堂建成后，潘遵祁自题。

注：据李根源《吴郡西山访古记》载，香雪草堂于20世纪30年代尚存。但笔者于2014年8月8日到此考察时，香雪草堂已无迹可寻。

29. 香雪草堂

【匾文】香雪草堂。

【款识】下款：裹盅先生太史有居，傍邓尉山香雪海中，因以颜其堂。倘天假我年，他日尚当不远千里，杖藜踏雪访先生于众香国中，沾濡清福，浣我尘颂尔。丁卯四月维夏，皖民邓传密，时年七十有三。

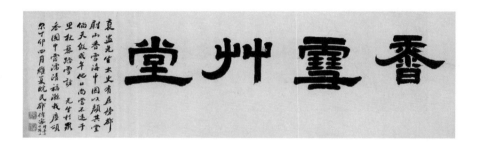

【规格】不详。

【材质】镜心。

【题匾人】邓传密（1795—1870），安徽怀宁人，清代著名碑学大师邓石如之子。书法家，学者。能诗，擅篆隶，工刻印。

【简析】裹盅先生，即潘遵祁。裹，通"抱"；盅，通"冲"。天假我年，上天赐给我足够的年寿。杖藜，挂着手杖行走。沾濡，恩泽普及。尘颂（róng），形容风尘仆仆的样子。颂，通"容"，仪容，礼容。从题款看，邓传密很喜欢香雪草堂，并表示如身体健康情况允许（毕竟邓传密当时已七十三岁），定当不远千里赶到邓尉造访香雪草堂。

30. 香雪草堂

【匾文】香雪草堂。

【款识】下款：緄园年大兄大人属书，何绍基题。

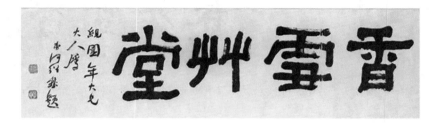

【规格】不详。

【材质】镜心。

【题匾人】何绍基（1799—1873），湖南道州（今道县）人。晚清诗人，书画家。

【简析】据史料记载，何绍基与苏州潘氏家族多有往来。道光十六年（1836）何绍基（时年三十八岁）参加会试时，主考官就是潘遵祁的伯父潘世恩。何绍基比潘遵祁年长十岁，晚年寓居苏州。此匾额即系何绍基书题，新中国成立后，由潘遵祁之孙潘慎明（1888—1971）捐予苏州大学，现存于图书馆古籍部。

注：匾额下款有"緄园年大兄大人属书"字样，但潘遵祁字顺之，号西圃、简缘退士、抱冲居士等，并未发现有关"緄园"的记载。存疑待考。

以上图文引自张晓颖《偕隐香雪海　图画四梅阁——记戴熙〈四梅阁图〉〈山居图〉等长卷》，李根源《吴郡西山访古记》，有改动。

31. 香雪分春

【匾文】香雪分春（笔者2023.5.16拍摄）。

【释意】梅花分得湖山一片春色。

【款识】下款：庚午夏月，百九岁苏局仙录□书。

【规格】160厘米 ×
55厘米 ×3厘米。

【材质】木匾。

【题匾人】苏局仙
（1882—1991），上海南汇人。工诗善书。曾为上海市文史馆馆员，长期从事教育工作。

【简析】香雪分春位于浙江杭州西湖汾阳别墅。堂名源于堂东侧园中植梅成林，梅花开时，分得湖山一片春色。

香雪分春是汾阳别墅静必居（宅居部分）正厅，是主人用来会见贵客的地方。室内高敞富丽，陈设精致典雅，古色古香。

32. 香雪海

【匾文】香雪海（笔者2000.7.28拍摄）。

【款识】无款。

【规格】不详。

【材质】砖匾。

【题匾人】爱新觉罗·弘历（1711—1799），即乾隆帝，清朝第六位皇帝，儒雅风流，喜著文吟诗，重视文物典籍的收藏与整理，重视农业发展等，是中国历史上实际执掌国家最高权力最久也是最长寿的皇帝。

【简析】香雪海位于江苏苏州邓尉山，每当二月，梅花吐蕊，势若香海，满山盈谷，香气袭人，是江南著名的四大赏梅胜地之一。据载，清康熙三十五年（1696），时任江苏巡抚的宋荦来到苏州光福镇西的邓尉支脉马驾山（俗呼吾家山）赏梅，极目远望，只见白梅似海，暗香浮动，天姿皎洁，冷艳如雪。遂题"香雪海"三字，镌刻在马驾山的石崖上。此后，"香雪海"便名扬海内。康熙帝、乾隆帝都曾多次游览香雪海。现在香雪海半山腰的梅花亭右侧，还留有乾隆帝御碑《再叠邓尉香雪海歌旧韵》（系1762年乾隆帝第三次游览香雪海时所作）。

注："香雪海"匾无款，但据笔者了解，应是集乾隆字迹。其依据，一是从香雪海现存乾隆帝御碑背面"辛未香雪诗题吾""彼雪仍雪海仍海"墨迹看（2014年8月8日笔者又到此考察时，特意拍摄碑后诗文），应是集其诗句中的"香雪""海"三字。二是从南京大学仙林校区"香雪海园"（2017年由南大苏州校友会校友集资建设）中"梅海"景区的照壁、御碑亭等建筑物件看，即为乾隆墨迹。

照片中人即为笔者。

33.香雪亭

【匾文】香雪亭
（笔者2023.4.12拍
摄）。

【释意】洁白如
雪、芬芳四溢之亭。

【款识】下款：戊子年冬日，巫水标。

【规格】86厘米×57厘米×4厘米。

【材质】木匾。

【题匾人】巫水标，1954年生，广东惠州人。历任广州黄埔区政协书画室副主任，广州黄埔区书法家协会名誉主席，中国国际书画院研究院终身书法家等。

【简析】香雪，在诗词中多用来形容梅，如宋代王安石"遥知不是雪，为有暗香来"之诗句，清代龚自珍"笛声叫起倦魂时，飞过蒙蒙香雪一千枝"之词句等。

香雪亭位于广东广州萝岗香雪公园内。亭周围梅花环绕，环境清幽。梅开时节，繁花如雪，香气袭人，仿佛置身于雪海香涛之中。

34. 香雪亭

【匾文】香雪亭（笔者2023.5.16拍摄）。

【释意】梅洁如雪、馨香远溢之亭。

【款识】下款：真卿字。

【规格】80厘米×30厘米×3厘米。

【材质】木匾。

【题匾人】颜真卿（709—784），字清臣，琅邪（今山东临沂）人。唐朝名臣，著名书法家。此匾为集颜真卿字。

【简析】香雪亭位于浙江杭州灵峰探梅景区。笔者到此考察时，景区高级工程师

胡中先生介绍说，此亭匾额原为"翠玉珠玑"，主要描述各种梅花色彩及形状的不同，后改为"香雪亭"，重点突出周围的梅花竞相吐蕊，势若雪海，香气醉人。

35.香雪亭

【匾文】香雪亭（笔者2023.10.13拍摄）。

【释意】白梅如雪、香沁人心之亭。

【款识】下款：业栋题。

【规格】120厘米×40厘米×5厘米。

【材质】木匾。

【题匾人】何业栋，江苏泗阳人。中国书法家协会会员，扬州书法院副院长，扬州市文联艺术顾问等。

【简析】香雪亭位于江苏扬州瘦西湖北门不远处。亭前植梅六株，虽有大树遮荫，但大都长势良好。静谧的意境，疏淡的梅影，缕缕清香，使人陶醉。

36. 小香雪

【匾文】小香雪（笔者2023.10.13拍摄）。

【释意】色洁香浓，沁人心脾。

【款识】下款：启东题。

【规格】120厘米×50厘米×4厘米。

【题匾人】韩启东，1967年生，江苏兴化人。中国当代著名书画家，北京半酣堂主人，北京大学季羡林书院副院长，教授。

【材质】木匾。

【简析】小香雪亭位于江苏扬州瘦西湖万花园"湖上梅林"景区，此亭另一面匾额为"梅亭"。亭周围栽植梅花四千余株，花开时节，香雪一片，灿若烟霞，蔚为壮观。

37.雪海堂

【匾文】雪海堂（笔者2023.10.10拍摄）。

【释意】梅开如雪之堂。

【款识】下款：九十二翁，云间朱孔阳。

【规格】300厘米×120厘米×10厘米。

【材质】木匾。

【题匾人】朱孔阳（1982—1986），上海松江人。擅长书画、文物鉴定，精篆刻，富收藏。

【简析】雪海堂位于上海醉白池公园，面阔五间，清宣统年间所建。原来堂前广植梅花，花开时节，一片雪海，故名。现在堂前一泓清水，涟漪微漾，两株百年老桂，枝繁叶茂，华盖如亭，已无梅。

注：上海松江，古称云间。

38. 雪海幽境

【匾文】雪海幽境（笔者2023.10.10拍摄）。

【释意】梅开如雪，胜境幽雅。

【款识】下款：姚青云书，时年八十又五。

【规格】160厘米×60厘米×4厘米。

【材质】木匾。

【题匾人】姚青云，1917年生，浙江宁波人。上海文化馆馆员，书法家。

【简析】雪海幽境系上海醉白池公园主要景点之一"雪海堂"院落的西侧门楼。门楼两侧有楹联"寒依疏影萧萧竹，春催群芳冉冉香"；门楼右侧有毛竹数竿，迎风摇曳，饶有风姿。

39. 雪香云蔚

【匾文】雪香云蔚（笔者2023.10.11拍摄）。

【释意】白梅飘香，花木繁茂。

【款识】下款：钱君匋。

【规格】120厘米×40厘米×3厘米。

【材质】木匾。

【题匾人】钱君匋（1907—1998），名玉堂，字君匋，浙江桐乡人。著名篆刻书画家。曾任西泠印社副社长、上海市政协委员等。

【简析】雪香，指白梅，色白而香。古人常以"香雪"喻白梅，苏州光福之梅林即称"香雪海"。云蔚，指花木繁盛。

该亭为长方形，建在苏州拙政园小土山之上，质朴而轻快。亭内匾额"雪香云蔚"，亭外悬挂款署"元璐"的草书匾额"山花野鸟之间"。周围栽植梅花（二十八株）、翠竹、杜鹃等。早春时节，暗香浮动，林木葱郁，颇具山林之情趣。

40. 巡檐索笑

【匾文】巡檐索笑（笔者2019.5.21拍摄）。

【释意】绕着屋檐，与笑脸相迎的梅花一同欢笑。

【款识】上款：乙丑□□。下款：苏渊雷。

【规格】不详。

【材质】木匾。

【题匾人】苏渊雷（1908—1995），浙江平阳人。中国当代著名学者、文史学家、诗人，被誉为"文史哲兼擅，诗书画三绝"。

【简析】巡檐，绕着屋檐。索笑，求笑。此匾取意于唐代杜甫《舍弟观赴蓝田取妻子·到江陵，喜寄三首》之二"巡檐索共梅花笑，冷蕊疏枝半不禁"之诗句。

"巡檐索笑"位于江苏苏州虎丘冷香阁一楼主间。冷香阁以梅花为主景，其主间有此匾额，实乃画龙点睛之笔。

41. 忆梅

【匾文】忆梅（笔者2019.5.20拍摄）。

【释意】爱梅，仪梅。

【款识】下款：王学岭。

【规格】不详。

【材质】木匾。

【题匾人】事迹不详。

【简析】忆梅斋位于江苏苏州木渎镇严家花园东北部，"忆梅"主要表示文人士大夫对梅花的喜

爱与崇拜。清末民国时期著名书画家、篆刻家。吴昌硕就有"十年不到香雪海，梅花忆我我忆梅。何时买棹冒雪去，便向花前倾一杯"之诗句，表达了对超山梅林香雪海的眷恋之情。

忆梅斋建筑空间较小，斋内有方桌一件，官帽椅四把，正面墙上悬挂"报春图"，两侧有"雪海香山仪邓尉，梅妻鹤子慕林逋"联，点明了此斋的咏梅主题。

42.纸帐铜瓶室

【匾文】纸帐铜瓶室（引自《郑逸梅文集》第三卷）。

【释意】暗藏春色之室。

【款识】不详。

【规格】不详。

【材质】画框装裱。

【题匾人】蒋吟秋（1896—1981），江苏苏州人。著名书法家，金石学家，图书馆学家。

43.纸帐铜瓶室

【匾文】纸帐铜瓶室（引自郑有慧《我所认识的谢公国桢》）。

【款识】下款：逸梅词丈补壁，辛酉端午，谢国桢写于春明寓庐。

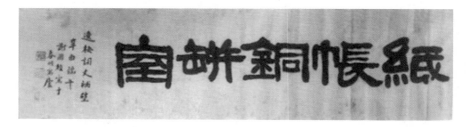

【规格】不详。

【材质】镜心。

【题匾人】谢国桢（1901—1982），江苏常州人。嗜诗词书法。著名历史学家，文献学家，金石学家，藏书家。

44.纸帐铜瓶室

【匾文】纸帐铜瓶室（引自俞菁《"补白大王"郑逸梅档案入藏

苏州市档案馆》）。

【款识】下款：逸梅先生属正，戊辰，新我左笔。

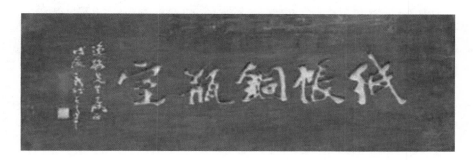

【规格】不详。

【材质】木匾。

【题匾人】费新我（1903—1992），浙江湖州人。著名书画家，杰出的左笔书法家。

【简析】纸帐铜瓶室，原来位于上海普陀区长寿路160弄1号，是该套别墅北向的一间亭子间，只有十多平方米。斋号的由来，如郑逸梅所说"前人的梅花诗，颇多涉及纸帐咧，铜瓶咧，张船山题梅，更有'铜瓶纸帐老因缘'句，我就取来作为斋名'纸帐铜瓶室'"（《郑逸梅选集》第四卷《我的笔名》）。郑逸梅在这间小小的"纸帐铜瓶室"里，辛勤笔耕六十五年，发表一千多万言。

遗憾的是，20世纪末长寿路加宽时，郑逸梅居住的别墅被拆掉了。

45.竹外一枝轩

【匾文】竹外一枝轩（笔者2024.4.8拍摄）。

【释意】梅花斜倚修竹之轩。

【款识】无款。

【规格】122厘米×35厘米×2厘米。

竹外一枝轩

【材质】木匾。

【简析】竹外一枝轩，位于江苏苏州网师园内，轩名取意于宋代苏轼《和秦太虚梅花》"江头千树春欲暗，竹外一枝斜更好"。轩为卷棚硬山屋顶，东西狭长三间，临水面设吴王靠坐槛。轩后翠竹修长挺拔，摇曳生姿；轩前梅花、黑松疏影横斜，偃伏横卧。松、竹、梅岁寒为友，冬景如画。宁静的夜晚，如能在此读书赏月，饮酒赋诗，实乃人生一大乐事也！

46. 缀玉轩

【匾文】缀玉轩。

【释意】梅花如玉、挂满枝头之书斋。

【款识】下款：释戡。

【规格】66厘米×29厘米。

【材质】镜心装裱。

【题匾人】释戡，即李宣倜（1888—1961），字释龛、释堪、释戡，号苏堂，福建侯官人。民国军事及政治人物，诗人，京剧剧作家。

47. 缀玉轩

【匾文】缀玉轩。

【款识】下款：苔枝缀玉，白石道人赋梅词也，释戡为畹华名斋，瘿公书之。己未二月。

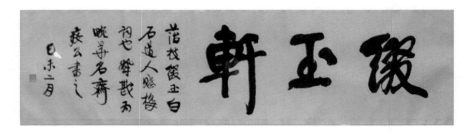

【规格】190厘米×43厘米。

【材质】镜心装裱。

【题匾人】罗瘿公（1872—1924），名惇曧，字孝遹，号瘿公，广东顺德大良人。晚清名士，与梁鼎芬等并称"粤东四家"。

48.缀玉轩

【匾文】缀玉轩。

【款识】下款：瘿公属为畹华书。彊村。

【规格】120厘米×27厘米。

【材质】镜心装裱。

【题匾人】朱祖谋（1857—1931），原名朱孝臧，字藿生，号沤尹，又号彊村，浙江归安（今湖州）人。光绪九年（1883）进士，官至礼部右侍郎。著名书画家，词人，学者。

49.缀玉轩

【匾文】缀玉轩。

【款识】下款：浣华小友新斋，己未一月，謇。

【规格】90厘米×34厘米。

【材质】镜心装裱。

【题匾人】张謇（1853—1926），字季直，号啬庵。江苏南通人。光绪二十年（1894）状元。中国近代实业家、政治家、教育家、书法家、金融家、慈善家。

50. 缀玉轩

【匾文】缀玉轩。

【款识】下款：浣华小友新葺小斋题榜属书，道远天寒，呵冻写寄。啬庵謇。

【规格】209厘米×65厘米。

【材质】镜心装裱。

【题匾人】张謇（见第52页49.缀玉轩【题匾人】简介）。

51. 缀玉轩

【匾文】缀玉轩。

【款识】上款：浣华院长入党志喜。下款：一九五九年四月穀旦，韩诵裳书。

【规格】100厘米×32厘米。

【材质】镜心装裱。

【题匾人】韩振华（1883—1963），字诵裳，祖籍安徽。曾任北京高等师范附中主任，盐业银行北京分行经理，艺术家。

【简析】缀玉轩为梅兰芳书斋，位于北京东城区无量大人胡同5号。轩名取自宋代词人姜夔《疏影》中的"苔枝缀玉"。李释戡取名，罗瘿公书之。

其实，缀玉轩一开始并不是书斋名，而是梅兰芳的支持者们开展艺术交流活动的中心，具有浓厚的文化艺术氛围。这些支持者如冯耿光、齐如山、罗瘿公等，他们不仅为梅兰芳在演出方面出谋划策，还在多方面支持他，使梅兰芳不再像他的父辈那样局限于狭小的戏曲小天地里；而梅兰芳更从他们身上汲取了丰富的文化素养，对自己的成长与发展起到了很重要的作用。

后来，中国摄影家协会迁入此处，拆除原有建筑，建造南北两座办公楼，缀玉轩已无存。

注：六块"缀玉轩"匾额均为北京市东城区园林管理中心教授级高级工程师许连瑛女士提供照片（2022.3.22拍摄于北京中国国家博物馆"梅澜芳华：梅兰芳艺术人生展"）。

二、赞咏梅品类

1.百花魁

【匾文】百花魁（笔者2023.5.16拍摄）。

【释意】百花魁首。

【款识】下款：吴昌硕。

【规格】140厘米×40厘米×3厘米。

【材质】木匾。

【题匾人】吴昌硕（1844—1927），浙江安吉人。诗、书、画、印俱精，西泠印社首任社长，一代艺术大师。

【简析】梅花开在百花之先，故有"花魁"之称。宋代辛弃疾《生查子·重叶梅》有"百

花头上开，冰雪寒中见"之词句。"二十四番花信风"始于小寒，第一候就是梅花。

此亭为梅花形，位于浙江杭州灵峰探梅核心观赏区——品梅苑，另一面匾额为"云香"。

注：此匾为弧形，似用三合板或五合板（便于弯曲）制作。

2. 灿若烟霞

【匾文】灿若烟霞（笔者2023.5.16拍摄）。

【释意】如烟霞一样灿烂。

【款识】下款：吴昌硕字。

【规格】140厘米×40厘米×4厘米。

【材质】木匾。

【题匾人】吴昌硕（1844—1927），浙江安吉人。诗、书、画、印俱精，西泠印社首任社长，一代艺术大师。此匾为集吴昌硕字。

【简析】烟霞即云霞，色彩艳丽，光彩夺目。"灿若烟霞"是浙江杭州灵峰探梅景区一组廊、亭建筑的一部分。早春时节，周围的数千株梅花相继开放，将这里染成一片迷人的绯红，宛若一幅优美的画卷。

3. 冬瑞亭

【匾文】冬瑞亭（笔者2023.5.15拍摄）。

【释意】寒梅吐蕊、瑞雪迎春之亭。

【款识】下款：庚辰年金秋十月，王建华。

【规格】135厘米×45厘米×5厘米。

【材质】木匾。

【题匾人】王建华，1959年生，浙江绍兴人。现为中国书法家协会会员，浙江省书法家协会理事，兰亭书会会长等。

【简析】冬天是一个寒冷的季节，也是一个充满吉祥和希望的季节。寒梅怒放，冰雪消融，意味着春天即将到来。

冬瑞亭位于浙江绍兴西园内。西园的亭台楼阁以湖为中心分布，有趣的是，园中的亭子是依据四季观赏风景的不同而建的。湖

周围东、西、南、北四个方向分别为春荣、夏荫、秋芳、冬瑞四个亭子，意为"春觉水暖，夏听竹风，秋闻菊香，冬观梅放"。

冬瑞亭前有梅两株（皆为朱砂型），左、右复植梅花数株、蜡梅四株。冬日里在此赏梅色、闻梅香、观湖景，别有一番风味。

4. 访梅亭

【匾文】访梅亭（作者2023.10.13拍摄）。

【释意】探访梅花之亭。

【款识】下款：□□□。

【规格】120厘米×38厘米×5厘米。

【材质】木匾。

【题匾人】事迹不详。

【简析】访梅亭位于江苏南京雨花台梅岗。该亭与问梅阁、寒香轩、曲廊组合而成。周围有蜡梅、梅花数十株，均长势良好。曲折幽深的长廊与暗香浮动的梅花相映成趣，颇具中华传统文化意蕴。

5.芬溢南谯

【匾文】芬溢南谯（笔者2019.5.16拍摄）。

【释意】春到滁州，梅溢芬芳。

【款识】上款：庚辰年冬。下款：张恺帆。

【规格】不详。

【材质】木匾。

【题匾人】张恺帆（1908—1991），安徽无为人。曾任中共安徽省委书记，安徽省政协主席。书法家，诗人。先后担任中国诗

词学会副会长，中国书法家协会名誉理事，安徽省诗词学会名誉会长等。

【简析】芬，指梅花的芳香。溢，溢出，散发。南谯，滁州古称。"芬溢南谯"悬挂于安徽滁州醉翁亭风景区古梅亭内。

相传，欧阳修任滁州太守时在这里亲手植梅一株，世称"欧梅"。明嘉靖十四年（1535）在此建古梅亭。清顺治九年（1652），提督江南学政李嵩阳在"欧梅"台壁上题刻"花中巢许"，据说"扬州八怪"之一的李方膺到此任职时，未去官府报到，而是先到欧阳修手植梅前铺下毡毯，捧笔纳头叩拜。

欧阳修手植梅早已不存，现在的梅花为后人所植，树龄约在百年以上。每年早春，这株古梅如期盛开，花香清冽，美不胜收。

其实，这株古梅是否为欧阳修亲手栽植已不重要，重要的是人们认为它不单单是一株梅，更代表了人们对欧阳修的崇敬与爱戴，也赋予了这株古梅所独有的时代意义和人文价值。

注："巢许"即巢父和许由，均为上古时代的隐士。相传巢父因巢居树上而得名，他不营世利，别人以天下相让，他不接受。又以天下让许由，许由亦不受，逃到箕下，农耕而食。"花中巢许"，意在赞颂古梅的清白、高雅。

6. 浮香阁

【匾文】浮香阁（笔者2023.5.16拍摄）。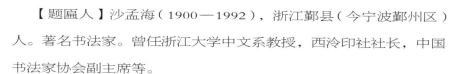

【释意】梅香飘溢之阁。

【款识】下款：沙孟海。

【规格】170厘米×50厘米×3厘米。

【材质】木匾。

【题匾人】沙孟海（1900—1992），浙江鄞县（今宁波鄞州区）人。著名书法家。曾任浙江大学中文系教授，西泠印社社长，中国书法家协会副主席等。

【简析】浮香，飘溢的香气。浮香阁是浙江杭州超山北麓大明堂（前身报恩寺）的标志性建筑，上下两层，翘檐翼然，高轩敞豁，阁内大厅，茶席布置，细致考究。浮香阁前有唐梅一株，铁干虬枝，造型奇特，虽饱经风霜，却依旧傲然挺立，岁岁开花。唐梅前院内遍植红梅、绿梅、蜡梅，每年早春梅花盛开时节，满园春色，令人陶醉。

7. 观梅轩

【匾文】观梅轩（作者
2023.10.13拍摄）。

【释意】观赏梅花之轩。

【款识】上款：壬戌年
秋月。下款：□□。

【规格】120厘米×50厘米×5厘米。

【材质】木匾。

【题匾人】事迹不详。

【简析】观梅轩位于江苏南京钟山风景名胜区梅花山景区内，东西向，"长"字形，总长十六米，三间，东西两间凸出部分各设一个出入口，北口匾额"观梅轩"，南口匾额"放鹤"，布景巧妙，古朴雅致。站在观梅轩，可以将梅花山尽收眼底，感受梅花山的壮丽景色。

8. 冠岁凌霜

【匾文】冠岁凌霜（笔者2023.5.16拍摄）。

【释意】傲霜斗寒，独步早春。

【款识】下款：王小勇书。

【规格】184厘米×60厘米×4厘米。

【材质】木匾。

【题匾人】王小勇，浙江义乌人。曾任杭州市书法家协会专职副主席兼秘书长，中国书法家协会会员，浙江省书法家协会理事、创作委员会副主任，杭州书法院副院长等。

【简析】冠岁凌霜亭，位于浙江杭州灵峰探梅景区，原为售票亭，现为商业网点。

9. 含香

【匾文】含香（笔者2023.9.12拍摄）。

【释意】梅花含香。

【款识】下款：辛巳年隆冬。

【规格】130厘米×40厘米×2厘米。

【材质】木匾。

【题匾人】不详。

【简析】含香，指带

着香气，古代妇女衔香于口以增芬芳之气。这里指梅花含香。含香亭位于四川乐山大佛景区苏园内。该亭临池而建，池水清澈，游鱼清晰可见。亭周围植梅七十余株，蜡梅三十余株，视野宽阔，环境清幽。于轻烟细雨中游览，别有一番情趣。

10. 寒梅阁

【匾文】寒梅阁（姚平先生提供照片）。

【释意】不畏强暴、不惧严寒之书斋。

【款识】下款：寒梅阁，戊寅年冬，林发。

【材质】镜心。

【题匾人】林发，事迹不详。

【简析】寒梅阁，姚平先生书斋名。姚平（1932—2013），江西兴国人。教授，诗人，辞赋家。曾任陕西省行为科学学会常务理事，陕西省军事行为研究会会长，陕西省公共关系协会理事，陕西省诗词学会秘书长等。

"寒梅阁者，余之书斋也。余以寒梅不畏强暴、不惧严寒而钦之，故以名斋。"（姚平《寒梅阁赋》）

11. 寒香馆

【匾文】寒香馆（笔者2023.4.13拍摄）。

【释意】香气清冽之馆。

【款识】下款：梁九章。

【规格】110厘米×40厘米×4厘米。

【材质】木匾。

【题匾人】梁九章（1787—1842），广东佛山人。工画梅，善收藏。清嘉庆年间曾做过四川布政司和知州，后辞官归故里。

【简析】寒香馆位于广东佛山梁园。梁园主人梁九章酷爱梅花，史载其馆"树石幽雅，遍植梅花"，是当时远近闻名的文人墨客雅集之场所。

现在，馆前植梅两株，树龄约十五年，枝繁叶茂，长势良好。寒香馆为二层建筑，三面开窗，是一处观湖赏景、陶冶情操的好地方。

12. 寒香书屋

【匾文】寒香书屋（引自2020年6月25日《大河报》之《行走江湖，怎能没个名号？来看看文化人是怎么玩的！》文章）。

【释意】梅香清冽之书斋。

【款识】下款：陈宝琛。

【规格】不详。

【材质】木匾。

【题匾人】陈宝琛（1848—1935），福建闽县人。晚清大臣，学者，曾任末代皇帝溥仪老师。工书法，擅画松。

【简析】寒香书屋，意寓"不经一番寒彻骨，怎得梅花扑鼻香"。只有耐得寒窗清苦，才能得到成功的喜悦。

13. 寒香轩

【匾文】寒香轩（笔者2023.10.13拍摄）。

【释意】梅香清冽之轩。

【款识】下款：章□。

【规格】120厘米×38厘米×5厘米。

【材质】木匾。

【题匾人】事迹不详。

【简析】寒香，清冽的香气，这里指梅香。唐代罗隐《梅花》

有"愁怜粉艳飘歌席，静爱寒香扑酒樽"之诗句，明代陈瑚《山中喜遇昭法饮我以酒即席漫赋》有"一夜寒香万树开，相逢花下且衔杯"之诗句。

寒香轩位于江苏南京雨花台北门东面的后山深处，由寒香轩、访梅亭、问梅阁和曲廊四部分组成。院内植蜡梅八株，梅花七十余株，树龄大都在十五年左右。整个建筑以中式建筑呈现，宛如文人雅士的独居庭院，诗情画意，曲径通幽，清幽静谧，别有趣味。

14. 寒香斋

【匾文】寒香斋（高清涛先生提供照片）。

【释意】梅香清冽之居。

【款识】下款：刘文西题。

【规格】63厘米×36厘米×3厘米。

【材质】木匾。

【题匾人】寒香斋系高清涛先生的居室名。2001年早春，艺术大师刘文西先生来到了高清涛先生的家中。刘文西先生看到满院子盛开的梅花盆景、满屋子摆放的梅花奇石以及墙上张挂的梅画，大为震惊和赞赏，说：梅花冒寒开放，自古称为寒香。你画梅、养梅、收藏梅花奇石，占尽"三梅"。这个宅院，寒香满溢，非"寒香斋"莫属！遂提笔写下了"寒香斋"三个大字。

注：高清涛，1944年生，山东临朐人。国家一级美术师，中国美术家协会山东分会会员，中国国家书画院副院长，中国国画家协会理事。现任齐鲁寒香书画院院长。

15. 寒雪清骨

【匾文】寒雪清骨（笔者2023.9.10拍摄）。

【释意】冰雪寒梅，神清骨秀。

【款识】下款：宗致远。

【规格】200厘米×120厘米×5厘米。

【材质】木匾。

【题匾人】宗致远，1955年生，河南开封人。黄河水利职业技术学院教授，《书法导报》编辑，中国书法家协会会员，开封市书法家协会副主席等。

【简析】寒雪清骨，喻指梅花迎风傲雪，俏寒独立，神清骨秀，暗香远溢。此建筑乃河南开封府梅花堂东配殿，现为幻影蜡像馆，

殿前有联曰"故事演前朝,多少奸贪丧胆;稗言传后世,古今俚俗开心。"门前右侧蜡梅一株,树龄在三十年左右,左侧梅花两株,树龄约十五年,枝干虬劲,婀娜多姿。

16. 君子堂

【匾文】君子堂(笔者2023.10.10拍摄)。

【释意】花中君子之堂。

【款识】下款:袁寿连书。

【规格】120厘米×40厘米×4厘米。

【材质】木匾。

【题匾人】袁寿连,书法家。其余不详。

【简析】君子堂位于上海古猗园内，堂以"梅兰竹菊"四君子之意取名。堂内悬挂梅兰竹菊书画，陈设文房四宝、案几盆花。堂前植朱砂、绿萼等梅花十一株，翠竹数丛，突出"花中四君子"傲霜斗雪之雅士气质。

17. 冷香阁

【匾文】冷香阁（笔者2019.5.21拍摄）。

【释意】梅香飘溢之阁。

【款识】上款：丙戌嘉平。下款：高振霄书。

【规格】不详。

【材质】木匾。

【题匾人】高振霄（1877—1956），浙江鄞县（今宁波鄞州区）人。清光绪三十年（1904）进士，历任翰林院编修、国史馆协修，新中国上海第一批文史研究馆馆员。工书法诗词，间画梅花，必题一绝，曾刊行《梅花百咏》等。

【简析】暗香阁位于江苏苏州虎丘，建于民国六年（1917），由清末民初著名国学大师金松岑发起建造。阁四周栽植红梅绿梅数百株，每值春仲，疏影暗香，别饶清趣，故取"冷香"为名。阁东、西、南三面出廊，凭栏远眺，西南诸峰，悉在眼前，空旷清远，景色怡人。每逢早春，各色梅花竞相绽放，幽香扑鼻，实为品茗赏梅之佳处。

18. 冷香

【匾文】冷香（笔者2023.10.13拍摄）。

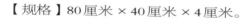

【释意】寒冬之季，梅香飘溢。

【款识】下款：洪炜题。

【规格】80厘米×40厘米×4厘米。

【材质】木匾。

【题匾人】洪炜，1934年生，江西万年人。国家一级美术师，书法家。系中国书画名家协会名誉会长，江苏省文化史研究员，江苏省文联书画研究中心副主任，南京中山书画院名誉院长等。

【简析】冷香亭位于江苏南京梅花山东侧，系1992年中山陵管理处新开辟的一座梅园，全园面积七万多平方米，新植梅花两万余株。该亭临水而筑，彩绘漆画，古色古香。

19. 冷香斋

【匾文】冷香斋。

【释意】冷艳幽香之居。

【款识】下款：丙戌冬至后七日，陈俊愉书。

【规格】不详。

【材质】镜心。

【题匾人】陈俊愉（1917—2012），祖籍安徽安庆，出生于天津。园林及花卉专家，中国工程院院士，北京林业大学园林学院教授、博士生导师，中国花卉协会梅花蜡梅分会会长，国际梅品种登录权威。

20. 冷香斋

【匾文】冷香斋。

【款识】下款：癸未年秋，张海题。

【规格】不详。

【材质】镜心。

【题匾人】张海，1941年生，河南偃师人。曾任第八、九、十届全国人大代表，第十一、十二届全国政协常委，中国书法家协会第五、六届主席团主席等。

21. 冷香斋

【匾文】冷香斋。

【款识】下款：马萧萧。

【规格】不详。

【材质】镜心。

【题匾人】马萧萧（1921—2009），山东安丘人。著名书法家、画家、学者。曾任中国民间文艺家协会党组书记，中国楹联学会会长。

【简析】斋名取意于唐代诗人朱庆馀《早梅》"艳寒宜雨露，香冷隔尘埃"之诗句。王勇智先生平生酷爱梅花，喜梅诗，看梅画，乐于赏梅，更崇尚梅花傲霜斗雪的精神、玉洁冰清的品格以及无仰面花的秉性，故名。

注：三块"冷香斋"匾额均为王勇智先生提供照片。王勇智，1941年生，河南扶沟人。早年从事教育工作，历任扶沟县教育局局长，扶沟县委宣传部副部长，扶沟县人民法院院长、县委政法委书记，扶沟县人民政府副县长等职，中国花卉协会梅花蜡梅分会顾问。

22. 冷艳亭

【匾文】冷艳亭（笔者2024.4.11拍摄）。

【释意】耐寒艳丽之亭。

【款识】上款：辛未冬。下款：马万程书。

【规格】180厘米×80厘米×5厘米。

【材质】木匾。

【题匾人】马万程，1930年出生，湖南益阳人。中国书法家协会会员，湖北省书协理事，湖北省邮电书画院院长。

【简析】冷艳亭是湖北武汉东湖梅园的标志性园林建筑，位于梅花岗中部土丘之上，重檐攒尖五角亭，始建于1984年。"冷艳"二字恰当地体现了初春寒冷季节，梅花傲雪凌寒、芳香四溢的画意诗境。

23. 凌寒独秀

【匾文】凌寒独秀（笔者2023.10.12拍摄）。

【释意】凌寒傲雪，一枝独秀。

【款识】上款：乙丑正月。下款：吴湖帆。

【规格】200厘米×40厘米×3厘米。

【材质】木匾。

【题匾人】吴湖帆（1894—1968），江苏苏州人。现代绘画大师、书画鉴定家。

【简析】"凌寒独秀"，指梅花傲立霜雪，不畏严寒，开百花之先，独天下之春。此匾原置江苏无锡梅园清芬轩，现存无锡梅园梅文化中心一楼大厅。

24. 梅华诗屋

【匾文】梅华诗屋（引自中国国家博物馆《梅澜芳华：梅兰芳艺术人生展》）。

【释意】以梅励志、抒情之书屋。

【款识】下款：梅华诗屋吾友松石先生与其夫人梁梅君唱酬之居也。闻之松石云："粉黛屏当，笔砚杂陈，不减归来堂故事。"屋以梅华名者，盖主人集古句咏香雪之调为多也。吾恐西湖诗名，

不属之松石而属之夫人矣。涛江金农并识。

【规格】不详。

【材质】画框装裱。

【题匾人】金农（1687—1763），钱塘（今浙江杭州）人，布衣。清代书画家，"扬州八怪"之首。工诗文，精篆刻、鉴赏，善画竹、梅、佛像、人物、山水等，尤精墨梅。

【简析】梅华诗屋，位于上海思南路87号（现为思南公馆酒店的别墅之一）。此匾额是"梅党"的重要成员、梅兰芳一生的良师益友冯耿光当年逛琉璃厂时，在古肆买来送与梅兰芳的。梅兰芳非常

上海梅兰芳旧居，二楼为梅花诗屋（笔者2014.8.5拍摄）

喜欢，于是把自己的书斋命名为"梅华诗屋"。

"华"通"花"。"松石先生与其夫人梁梅君"，系梅花诗屋原主人。松石先生，即黄树谷（1701—1751），号松石，钱塘（今浙江杭州）人。诗文词翰，均有重名，与金农是意气相投的同乡好友。梁梅君，即梁英（1707—1795），字英玉，号梅君，钱塘（今浙江杭州）人，黄树谷继室，善吟诗，工集句，著有诗集《字字香》。"咏香雪之调为多也"，即指此事，这也是金农为他们题"梅花诗屋"的缘由。"归来堂"，是指宋代金石考据家赵明诚、词人李清照夫妇唱酬之所。在金农看来，只有黄松石、梁梅君才能与他们相比较。

注：梅党，是以冯耿光为领袖，围在梅兰芳身边的知识精英，他们为梅兰芳的艺术成长以及梅派艺术的传播立下了汗马功劳。

25.梅花小寿一千年

【匾文】梅花小寿一千年（笔者2019.5.19拍摄）。

【款识】不详。

【规格】不详。

【材质】石匾。

【题匾人】康有为（1858—1927），字广厦，号更牲，广东南海人。清代著名政治家、思想家、教育家。

【简析】1920年，岭南金石名家、诗人许炳璈在浙江杭州西湖孤山之后筑云亭（许炳璈字奏云，故以"云"名亭）。云亭建成后，诸多名士如张权、陈辅臣、崔永安、张其淦、康有为、吴昌硕等纷纷为此亭撰联、题匾。

"梅花小寿一千年",蕴含着深厚的文化意义和美好的祝愿。梅花属长寿树种,如云南宁滇扎美寺古梅,距今已有七百五十余年的历史,仍枝繁叶茂,长势良好。梅花也是人格的象征,常用来比喻品德高尚之人。因此,"梅花小寿一千年",不仅是对梅花这一植物特性的赞美,也寓意着对人的尊敬与期望。

注:云亭经百年风雨,匾额字迹大部分已消融难辨。笔者到此考察时,"款识"更是模糊一片,实在难以辨认。

26.梅菊斋

【匾文】梅菊斋(笔者2008.9.1拍摄)。

【释意】喜梅爱菊之斋室。

【款识】下款:明志斋主黄照荣书。

【规格】不详。

【材质】木匾。

【题匾人】黄照荣，1963年生，字布衣，号

静轩居士，明志斋主，浙江安吉人。国家一级美术师。

【简析】梅菊斋为北京林业大学教授、博士生导师陈俊愉先生的书房兼客厅，位于北京林业大学院内，面积约有二十余平方米。南墙、西墙安置沙发，中间是茶几，房间西北角为书橱和书桌，平时陈先生就在这里读书会客。2008年秋，笔者到北京拜访陈先生，当问及陈先生为什么用"梅菊斋"作为自己的书房名称时，老人家爽快地说："这很简单，因为我兴趣广泛。我很喜欢的花卉有十几种，如梅花、菊花、荷花、兰花、桂花、杜鹃、山茶、月季、芍药、水仙、丁香、棕榈、石蒜、睡莲等。但排排队呢，最喜欢的第一是梅花，第二是菊花，所以就叫'梅菊斋'了。"

陈俊愉先生在梅菊斋（笔者2008.9.1拍摄）

27. 梅庐

【匾文】梅庐（笔者2023.10.13拍摄）。

【释意】以梅寄情、托梅言志之雅居。

【款识】无款。

【规格】不详。

【材质】石匾。

【题匾人】姜桂林，1946年生，江苏扬州人。中国书法家协会会员，扬州市书法家协会副主席，竹西印社副社长。

【简析】梅庐坐落于江苏扬州市皮市街大双巷内，系徐恩军、朱红梅夫妇亲手打造的一处私家园林。因主人名梅亦爱梅，故名"梅庐"。这里原为普通民居，经过主人的精心设计，已成为一处风雅梅居：复古的院落，错落的瓦片，西墙的梅窗，檐下的红梅，卵石铺设的梅花图案等，共同营造出"梅花"的主题。梅开时节，竹影摇曳，梅香远溢，异态纷呈，美不胜收。

现在，梅庐已不仅是个人的梅庐，也是大家的梅庐。正如扬州著名文史专家许少飞先生在《梅庐记》中所描述的那样："主人殷勤，旧雨新知络绎来集。诵春江明月之诗，奏平沙渔樵之乐，论文评画，品茶听箫，骋怀言志，情不能已。芳辰多与霞光同来，良宵则载月色而去，其乐融融，不能尽述……"

注：朱红梅，扬州人，扬州市音乐家协会南风琴社副社长，扬州市网络文艺家协会副会长，扬州市作家协会会员，热爱中华优秀传统文化，喜欢养花弹琴绘画写文章。

28.梅清松古斋

【匾文】梅清松古斋（笔者2023.5.16拍摄）。

【释意】梅花清冷绝俗、松树苍古雄奇之斋。

【款识】下款：马世晓。

【规格】155厘米×40厘米×3厘米。

【材质】木匾。

【题匾人】马世晓（1934—2013），山东滕州人。曾任浙江大学教授，浙江省书法家协会副主席、顾问等。

【简析】"梅清松古斋"乃浙江杭州西湖郭庄（汾阳别墅）正厅"香雪分春"堂前连廊挂匾。此处门窗挂落雕刻精美，古色古香，彰显出主人的尊贵气质与儒雅风范。

29. 梅庭

【额文】梅庭（引自2012年4月13日《人民日报·海外版》）。

【释意】喜爱梅花之庭院。

【款识】下款：于右任。

【规格】不详。

【材质】石额。

【题额人】于右任（1879—1964），陕西三原人。中国近代知名书法家，教育家，诗人。

【简析】梅庭位于台湾台北北投区中山路6号，建于20世纪30年代。自1952年起，于右任静居于此。于右任去世后闲置多年，后台北投资进行了整修，于2010年免费对民众开放。

为何叫"梅庭"？据于右任之子于中令介绍，确切原因不清楚，但他知道父亲很爱梅、兰，"梅庭"可能因此而命名。不过，虽称梅庭，这里原来并没有梅花。直到2010年梅庭开馆时，于中令从美国赶回，才特地在庭院中植梅留念。

30. 梅馨千代

【匾文】梅馨千代（何相达先生提供照片）。

【释意】梅花精神永世长存。

【款识】上款：丙寅冬。下款：半黎。

【规格】不详。

【材质】木匾。

【题匾人】李半黎（1913—2004），河北高阳人。曾任四川日报社党委书记，四川书法家协会主席等。

【简析】"梅馨千代"是四川成都崇州罨画池陆游祠的过厅匾额。馨，指馨香，散布很远的香气，又比喻可流传后代的好名声。陆游是著名诗人，又一生爱梅，"王师北定中原日，家祭无忘告乃翁""何方可化身千亿，一树梅花一放翁"。"梅馨千代"既是赞美梅花芬芳浓郁，香远溢清，更是赞美陆游心系国事，胸怀天下，其高尚的情操和高洁的精神，千古流芳。

31. 梅馨艺苑

【匾文】梅馨艺苑（笔者 2023.4.12 拍摄）。

【释意】梅庵艺术展览馆。

【款识】下款：甲戌年之春，□□□撰，梁剑波书。

【规格】128 厘米 × 34 厘米 × 3 厘米。

【材质】木匾。

【题匾人】梁剑波（1920—2003），广东肇庆人。岭南文化大师，全国著名中医药专家，中国医学"岭南派"创始人之一。

【简析】梅馨艺苑在梅庵大雄宝殿左侧，馆内展出明代戴进《达摩至慧能六代祖师图》等。

32. 梅雪村

【匾文】梅雪村（李敬寅先生提供照片）。

【释意】爱梅喜雪之居所。

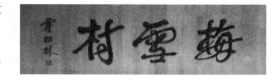

【款识】下款：霍松林。

【规格】不详。

【材质】镜心装裱。

【题匾人】霍松林（1921—2017），甘肃天水人。中国古典文学专家，文艺理论家，诗人，书法家。曾任陕西师范大学文学研究所所长，教授、博士生导师。

【简析】笔者曾于2014年2月到西安拜访李敬寅先生。李先生说，因为自己喜欢梅花，又具有一定的文化艺术修养，所以就选择了咏梅、画梅，并把自己的书房命名为"梅雪村"。李先生又补充说：我的居所，无论是旧宅还是新居，无论是住所还是办公室，都统称为"梅雪村"。

李敬寅先生在"梅雪村"挥毫泼墨（笔者2014.2.22拍摄）

"梅雪村"斋额，是李敬寅先生请唐诗研究泰斗霍松林先生题写的，装裱大师魏庚虎先生制匾。匾额装裱好后，李敬寅先生又题诗以记其盛："平生最爱寒梅花，亦喜大雪纷纷下。风雪交加傲岸立，万树新蕾迎春发。冰魂玉骨吐芬芳，若梦如诗似图画。我今为其心神动，梅雪之中造新家。"（李敬寅《梅花赋》第十九章《爱梅情结》）

注：李敬寅，1946年生，陕西永寿人。中国作家协会会员，国家一级美术师，陕西省决策咨询委员会委员，陕西省楹联学会会长，《陕西诗词界》杂志主编，出版《梅花赋》《李敬寅书画》《梅雪村放歌》等多部著作。

33. 盟梅馆

【匾文】盟梅馆（笔者2014.8.5拍摄）。

【释意】梅与诗书结盟之书房。

【款识】下款：□□。

【规格】不详。

【材质】木匾。

【题匾人】不详。

【简析】盟梅馆位于上海金山区张堰镇姚光故居内，系南社主任（后期）姚光三妹姚竹心的书房兼闺房。

盟梅馆，有将凌寒生香的梅花与姚竹心爱好的诗书结盟之意。

民国十三年（1924），姚竹心与高墇（南社巨擘高吹万之子）结婚时，姚光专门精印了一部姚竹心的诗集《盟梅馆诗》，作为独特的嫁妆，一时传为佳话。

注：姚竹心（1903—？），字盟梅，上海人。工诗。

34. 凝香

【匾文】凝香（笔者2023.5.16拍摄）。

【释意】凝聚梅香。

【款识】无款。

【规格】74厘米×28厘米×3厘米。

【材质】木匾。

【题匾人】不详。

【简析】凝香亭位于浙江杭州西湖郭庄（汾阳别墅）浣池西侧，

左右栽植梅花、蜡梅各一株。该亭临池而建，半亭半舫，简洁大气，趣味横生。

35. 品梅苑

【匾文】品梅苑（笔者2023.5.16拍摄）。

【释意】品赏梅花之艺苑。

【款识】上款：甲戌春题。下款：口辛篆。

【规格】140厘米×40厘米。

【材质】砖匾。

【题匾人】事迹不详。

【简析】品梅苑位于浙江杭州灵峰山脚下，是灵峰探梅景区的经典休闲区。各种梅花精品荟萃于此，树形古老，造型奇特，与周围的亭台廊轩等组合在一起，更显梅花的高雅古朴。

36. 破腊传春

【匾文】破腊传春（笔者2023.5.16拍摄）。

【释意】腊月的梅花带来了春天的消息。

【款识】下款：刘一闻题。

【规格】120厘米×40厘米×3厘米。

【材质】木匾。

【题匾人】刘一闻，山东日照人，1949年出生于上海。书画家、篆刻家。历任中国书法家协会理事、篆书委员会副主任，上海市书法家协会副主席。现为西泠印社理事，上海市文史研究馆馆员等。

【简析】破腊，即残腊，岁末。传春，指传递春天的消息。宋代汪洙《神童诗》有"一支梅破腊，万象渐回春"，金朝道士长筌子《花心动·江路闲游》有"江路闲游，见梅芳姿，水边将发。……破腊传春放彻"，清代李晓琴《赋得定有咏花人》有"破腊传春信，端邀客咏花"等。腊月的梅花，虽然不是盛花期，但其次第开放的美，惊破了腊月的冰雪，让人们觉得连冰雪都带着春意。

此建筑位于浙江杭州灵峰探梅景区，另一面匾额为"瞿仙馆"。

37. 沁香亭

【匾文】沁香亭（笔者2023.10.11拍摄）。

【释意】梅香沁人之亭。

【款识】下款：潘振元。

【规格】120厘米×40厘米×4厘米。

【材质】木匾。

【题匾人】潘振元，1944年生，江苏苏州人。现为苏州市政协委员，中国书法家协会会员，苏州市书法家协会副主席等。

【简析】沁香亭，位于江苏苏州玉涵堂（吴一鹏故居）后花园——真趣园内，因梅花为五瓣，与此五亭合一相仿，故又名"五子亭"。亭前有联曰"五瓣呈祥应透骨，千枝竞秀更传神"，意在颂扬吴一鹏的人品魅力。

注：吴一鹏（1460—1542），南直隶苏州府长洲县（今江苏苏州）人。明朝大臣。弘治六年（1493）进士，历南京国子监祭酒、太常卿、礼部尚书等。好古乐善，工诗文，书法清劲。入苏州沧浪亭内"五百名贤祠"。

38. 清芬轩

【匾文】清芬轩（笔者2023.10.12拍摄）。

【释意】清幽芬芳之轩。

【款识】无款。

【规格】140厘米×20厘米×3厘米。

【材质】木匾。

【题匾人】不详。

【简析】清芬轩位于江苏无锡梅园香海轩前梅林东侧，始建于1916年。平屋三间，四面开窗，两旁月洞分立。轩前凸出处，连结敞厅，前植松树、南天竹、垂枝梅等四时花卉；轩后一泓池水，四周叠石，曲桥拱架。这里春赏万点梅，夏看一池莲，四时花事不断。

39. 清香远布

【匾文】清香远布（笔者2023.10.12拍摄）。

【释意】梅香远播。

【款识】下款：癸酉年三月，泽民题。

【规格】200厘米×80厘米×4厘米。

【材质】木匾。

【题匾人】李泽民，1941年生，河北香河人。书画家。曾任邯郸市美术家协会副主席，河北工程大学教授，中国美术家协会会员等。

【简析】"清香远布"匾悬挂于江苏无锡梅园诵豳堂内。诵豳堂取《诗经·豳风》辛勤劳作之意，匾额为书画家吴作人书。匾额下有周怀民《梅园全景图》，两边楹联为"为天地布芳馨栽梅花万树，与众人同游乐开园囿空山"，中堂两侧悬有《诗经·豳风·七

月》八章。诵幽堂门外两侧有"四面有山皆入画，一年无日不看花""使有粟帛盈天下，常与湖山做主人"等联，点明了园址的环境之胜与造园的意趣所在。

40. 晴雪轩

【匾文】晴雪轩（笔者2011.8.2拍摄）。

【释意】梅花洁白如雪之厅轩。

【款识】上款：戊辰年秋。下款：仕荣书。

【规格】不详。

【材质】木匾。

【题匾人】仕荣，书法家。其余不详。

【简析】晴雪轩又称遗墨厅，位于江苏扬州史可法纪念馆内。单檐歇山，三面有廊。轩内壁上嵌有史可法《复睿亲王多尔衮

书》、遗书、墨迹石刻，陈列史可法手迹及拓片，如"忠孝立身真富贵，文章行世大神仙""千里过师从枕席，一生报国托文章""自学古贤修静节，唯应野鹤识高情"等。轩外楹柱上有数副对联，歌颂了史可法舍生取义、视死如归的忠烈行为和高尚的情操气节。

41. 臞仙馆

【匾文】臞仙馆（笔者2023.5.16拍摄）。

【释意】骨姿清瘦的仙人居住之馆舍。

【款识】下款：八五老人金新题。

【规格】150厘米×80厘米×4厘米。

【材质】木匾。

【题匾人】八五老人金新，其余不详。

【简析】臞，同"癯"，瘦。臞仙，骨姿清瘦的仙人，这里指梅花。宋代陆游《射的山观梅》有"凌厉冰霜节愈坚，人间乃有此癯仙"。该馆位于浙江杭州灵峰探梅景区品梅苑内，周围遍植梅花、蜡梅。花开时节，疏影横斜，暗香浮动，备受游人喜爱。

42. 上方香国

【匾文】上方香国（李攀攀先生提供照片）。

【释意】上天百花盛开的地方。

【款识】下款：萝峰寺，禺东胜境也。层峦环绕，梅林罗列，远眺者无不乐而忘返焉。中秋前余适赋闲居，携榼登临信宿于此，奈寒香非时，不无憾事。今冬再作踏雪之游，香冷风寒，遍满山谷，因酒酣兴至，爰笔四字，用颜其额，以视罗浮梅花邨，奚多让耶？是为跋。光绪四年戊寅腊月朔日凤城冯经仙石氏并书。

【规格】不详。

【材质】木匾。

【题匾人】冯经（生卒年不详），清代广东南海人。理学家，精研《周易》及算学。

【简析】"上方香国"位于广东广州玉喦书院天尊堂与观音殿连

接处的通廊内，为清代理学家冯经于光绪四年（1878）冬到萝峰赏梅时所题。禺东，即广州番禺区东部，俗称"禺东"。榼，古代的酒器。信宿，表示连夜，也表示两夜。"携榼登临信宿于此"，是说带着酒壶连续住了两三天（追求心灵的安宁与自由）。寒香，指梅花。爰，于是。罗浮梅花邨，罗浮梅花素来有名，隋代就有"先天下而春，先万木而香"的美誉，苏轼曾赞罗浮山梅花"罗浮山下梅花村，玉雪为骨冰为魂"。"以视罗浮梅花邨，奚多让耶"，意为这里的梅花与罗浮山的梅花比起来，毫不逊色。

43. 守梅山房

【匾文】守梅山房（笔者2014.7.9拍摄）。

【释意】以梅励志育子成才之宅第。

【款识】下款：梅岭为傅氏迁居初地，晓渊仁弟述其先德江峰先生曾号所居曰守梅山房，而未有额，嘱补偿之。光绪庚子（1900）五月曲园居士俞樾手书并记，时年八十矣。

【规格】不详。

【材质】石匾。

【题匾人】俞樾（1821—1907），字荫甫，自号曲园居士，浙江德清人。清道光三十年（1850）进士，曾任翰林院编修。著名学者，文学家，经学家，古文字学家，书法家。

【简析】晓渊，即傅振海（1855—1926），字秉中，号晓渊。清代名士傅岱长子。

"守梅山房"镶嵌在浙江诸暨黎明村太和堂大门内侧。太和堂共三进，坐西朝东，占地面积约一千七百平方米，系傅岱旧居，建于清光绪年间。

光绪十八年（1892），傅振海回家探亲，这时其父已去世多年。为纪念父亲，他特意来到当年父亲授课的地方，睹物思人，感慨万千。他便向好友、画家胡寅（字琴舟）倾诉此事。胡寅被傅家父子的深情所感动，就根据傅振海的表述，作画一幅傅岱结庐教子图。傅振海非常高兴，随即命名为《梅岭课子图》，并请自己的老师俞樾题写图名。其后，傅振海无论公务私事，外出游历走访，都将此图带在身边，一有机会就给人展图观赏，并请求名人题咏。三十二年间，先后有七十三位学士为其作传、写序、赋诗、题字等。"守梅山房"就是此期间请俞樾先生所题。

注：第100页照片为太和堂大门内景象。"守梅山房"镶嵌在大门内左侧墙壁，右侧为"梅岭课子图"石刻。

傅岱（1822—1880），字应谷，号江峰，祖籍浙江义乌。清代初年，祖辈率一支迁居到浙江诸暨南部的梅岭下。傅岱从小勤奋好学，才识渊博，本想求取功名，但屡试不中。于是他放弃科举之念，转而授学讲课。婚娶后，相继有了长子傅振海、次子傅振湘。为了培养孩子成才，傅岱不再外出教学，就在梅岭下建了几间房屋，名曰"守梅山房"。此后，傅岱把所有精力都用在对孩子的培养教育上，让孩子多读书，通古今，知四方。由于他因材施教，教子有方，两个儿子都成为饱学之士。

傅振海于光绪六年（1880）考取了秀才。后入杭州诂经精舍求学，兼考紫阳书院等，受业于朴学大师俞樾、经学名家谭献并深得赏识。后被推举为拔贡，历任直隶州州判，江苏太仓州州同（相当于同知，从六品）等，被誉为"事亲孝""为官廉"。

44. 双清亭

【匾文】双清亭（笔者2014.7.6拍摄）。

【释意】梅石双清之亭。

【款识】下款：刘江题。

【规格】不详。

【材质】木匾。

【题匾人】刘江（1926—2024），四川万县人。中国美术学院教授，中国书法家协会常务理事，中国印学博物馆馆长，西泠印社执行社长、名誉社长等。

【简析】双清亭位于浙江杭州梅石园内。亭内梅花碑系杭州上城区政府于1988年根据浙江省博物馆提供的明代画家蓝瑛的一些梅花、奇石图而复制的一块梅花碑（因当时尚未发现梅石碑原图）。碑上的梅花图和乾隆帝题梅花石碑诗，均系当代书画家、篆刻家张耕源先生的作品。此碑立于1989年春。

45. 双香仙馆

【匾文】双香仙馆（作者2023.10.11拍摄）。

【释意】梅荷并香之馆所。

【款识】下款：谭明□书。

【规格】130厘米×30厘米×3厘米。

【题匾人】不详。

【简析】双香，指梅香，荷香。仙馆，指仙人游憩之所，这里极言此处环境之美。双香仙馆位于江苏苏州狮子林，系长方形单亭，屋顶与走廊共享，三面围木制栏杆，内设汉白玉石台，亭外植梅、竹、香樟，亭前湖内遍植荷花。此处，冬日里梅花暗香浮动，夏日里荷花香远益清，故名。

46. 松竹梅华堂

【匾文】松竹梅华堂（引自刘正成《山阴传薪者　百年一名家——哀悼兼忆沈定庵先生》）。

【释意】岁寒三友之居。

【款识】下款：乙酉年岁晚为正成先生题额，山阴沈定庵于梅湖草堂。

【规格】不详。

【材质】镜心。

【题匾人】沈定庵（1927—2023），浙江绍兴人。书法家。曾任中国书协理事，浙江省书协副主席，绍兴市书协主席等。

【简析】松竹梅华堂，系刘正成先生著名斋号之一。这个在北京看似普通的四合院里，每日过往着来自各地的东西方文化名流、学界精英，承载着远远大于这个空间的艺文雅韵。据刘正成先生撰文载，2004年《画道》杂志为沈定庵先生做专题介绍，请刘先生作序《春日有论沈定庵先生》。为表谢意，沈定庵先生于2005年春专程到北京拜访刘正成先生，返回绍兴后，又以隶书"松竹梅华堂"寄赠。

47. 岁寒草庐

【匾文】岁寒草庐（笔者2014.8.8拍摄）。

【释意】栽植松竹梅"岁寒三友"之居。

【款识】下款：顾文彬。

【规格】不详。

【材质】木匾。

【题匾人】顾文彬（1811—1889），

字蔚如，号子山，元和（今江苏苏州）人。爱书画，喜收藏，娴诗词，工书法。道光二十一年（1841）进士，曾任刑部郎中、武昌盐法道、宁绍道台等官职。晚年引疾回苏，筑怡园，集宋词自题园联若干，辑成《眉绿楼词联》。

【简析】岁寒草庐为怡园东园的主体建筑。该建筑南植松柏、翠竹、梅花等，凌寒独茂，经冬不凋，故名。其北多湖石奇峰，取米芾爱石典故，故又名"拜石轩"。

48. 岁寒居

【匾文】岁寒居（笔者2023.10.11拍摄）。

【释意】松竹梅岁寒三友之居。

【款识】无款。

【规格】120厘米×30厘米×3厘米。

【材质】木匾。

【简析】岁寒居位于江苏苏州退思园中园南侧，小巧玲珑，古色古香。前面假山上有朴树、香樟、杜鹃，后面有蜡梅、松、石笋各一，翠竹两丛，朱砂型梅花三株等。岁末风雪之时，三五好友聚集一堂，围炉品茗，以文会友，其乐融融。

49. 岁寒亭

【匾文】岁寒亭（笔者2023.10.13拍摄）。

【释意】松劲梅清竹瘦之亭。

【款识】下款：乙丑年二月，武中奇题。

【规格】100厘米×50厘米×3厘米。

【材质】木匾。

【题匾人】武中奇（1907—2006），山东长清人。历任江苏省人大常委会常委，中国书法家协会理事，江苏省书法家协会主席等。

【简析】岁寒亭位于江苏南京瞻园，亭周围遍植松竹梅（亭前植梅两株、蜡梅十株，松树两株，亭左后植大叶箬竹、毛竹）"岁寒三友"，故名。瞻园自明代起开始植梅，入清后更以梅花取胜，清代诗人袁枚在《瞻园十咏》中写道："环植寒梅处，横斜画阁东。一轮明月照，满树白云空。春到孤亭上，香闻大雪中。要他花掩映，新制石屏风。"

50.探梅

【匾文】探梅（笔者2023.11.8拍摄）。

【释意】探寻梅花。

【款识】下款：启功。

【规格】120厘米×45厘米×4厘米。

【材质】木匾。

【题匾人】启功（1912—2005），满族，出生于北京。中国当代著名书画家、教育家、古典文献学家、诗人。曾任北京师范大学教授、中国书法家协会主席、西泠印社社长等。

【简析】探梅亭位于中央党校大有北里。亭前有假山一座，绿竹数丛，左前方十几米处有杏梅系梅花一株，树龄在十年左右。笔者曾考察此处，引发感触：此梅未植亭边，设计者是否有意为之，这样才更有"探"的感觉？

51. 望梅亭

【匾文】望梅亭（作者2023.4.12拍摄）。

【释意】观赏梅花之亭。

【款识】无款。

【规格】90厘米×45厘米×4厘米。

【材质】木匾。

【题匾人】不详。

【简析】望梅亭位于广东广州萝岗香雪公园，冰纹梅花挂落，五出亭基，造型别致，宛如一朵盛开的梅花。据记载，此亭是1962年广东省委第一书记陶铸到此调研时，被梅园的景色所吸引，提议修建

的。英国首相希思、尼泊尔国王比兰德拉、扎伊尔总统蒙博托和夫人等曾到此赏梅。

52. 望梅亭

【匾文】望梅亭（作者2023.5.16拍摄）。

【释意】远观近赏梅花之亭。

【款识】下款：壬辰□冬，张□祥书。

【规格】150厘米×42厘米×3厘米。

【材质】木匾。

【题匾人】不详。

【简析】此亭位于浙江杭州超山东园山坡之上一片梅林之中。梅开时节，站在此处，无论是远观还是近赏，都能领略到梅花的神韵与风姿。正如北面楹柱上的楹联所描述的那样，"岭下飞花三十里，亭前寒萼一千秋"。

53. 闻梅馆

【匾文】闻梅馆（笔者2014.8.8拍摄）。

【释意】赏梅闻香之馆。

【款识】无款。

【规格】不详。

【材质】木匾。

【简析】闻梅馆位于江苏苏州邓尉山香雪海景区，始建于清代康熙年间，是香雪海赏梅的绝佳之处，也是历代文人墨客吟诗挥毫的地方。康熙帝、乾隆帝到香雪海后都曾在此赏梅，后毁于战乱。1940年由江苏省伪省长陈则民主持修建恢复原貌。

54. 闻妙香室

【匾文】闻妙香室（笔者2023.10.11拍摄）。

【释意】闻梅奇妙香气之室。

【款识】下款：程可达。

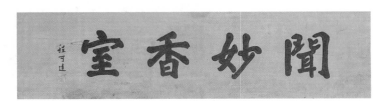

【规格】180厘米×50厘米×3厘米。

【材质】木匾。

【题匾人】程可达（1915—1998），江苏宜兴人。历任中国书法家协会会员，苏州市书法家协会常务理事，苏州市老年大学书法教授等。

【简析】"闻妙香室"位于江苏苏州沧浪亭。室名取自唐代杜甫"灯影照无睡，心清闻妙香"句意，匾额原为江苏巡抚张树声于清同治十二年（1873）所题。此室为主人读书处，室南面封闭式小院内，现植宫粉梅一株（树龄十年左右），翠竹、芭蕉数丛，北面植梅花数十株。宁静之夜，灯光照影，静心读书，香气袭人，俗念顿消。

注：周苏宁《沧浪亭》载为张树声题（古吴轩出版社1998年12月版，第48、49页），曹林娣《苏州园林匾额楹联鉴赏》载为清同治年间许乃钊题（华夏出版社1999年5月版，第16、17页）。这里取周苏宁《沧浪亭》之说。

55. 香如之远

【匾文】香如之远
（笔者2023.9.10拍摄）。

【释意】梅花凌寒
怒放，清香溢远。

【款识】下款：大果灵生。

【规格】200厘米×120厘米×5厘米。

【材质】木匾。

【题匾人】不详。

【简析】香如之远，指梅花清香远溢。此乃河南开封府梅花堂西配殿，内有部分书画作品展览。两侧楹联为"《下陈州》《探阴山》，匡正《三勘蝴蝶梦》；《诛驸马》《惩包勉》，除凶又斩《鲁斋郎》"。门前有蜡梅两株、梅花五株，在古建筑的衬托下，古色古香，别具韵致。

56. 香无涯

【匾文】香无涯（笔者2023.10.13拍摄）。

【释意】梅香随风而远度。

【款识】下款：□□。

【规格】80厘米×35厘米×4厘米。

【材质】木匾。

【题匾人】不详。

【简析】香无涯亭位于江苏南京梅花山1992年新开辟的梅园内，临池而建，黄色琉璃瓦覆顶并饰以彩绘。亭前楹联"诗卷生涯冰雪味，梅花魂梦水云乡"，亭后楹联"金陵金山风光好，梅岭梅花着意香"。亭内石碑正面有赵朴初题诗"东坡竹外一枝斜，安石数枝赏墙角。万人来看万株梅，今朝梅与民同乐"，石碑背面武中奇书题宋代王安石《梅花》诗等，营造出浓郁的梅文化氛围。

57. 绣雪堂

【匾文】绣雪堂（笔者
2011.7.31拍摄）。

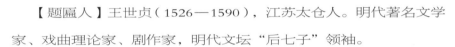

【释意】梅如雪绣之堂。

【款识】下款：世贞。

【规格】不详。

【材质】木匾。

【题匾人】王世贞（1526—1590），江苏太仓人。明代著名文学
家、戏曲理论家、剧作家，明代文坛"后七子"领袖。

【简析】绣雪堂又名鸳鸯厅，位于江苏太仓南园，始建于明代
万历年间，是明代首辅王锡爵（1534—1611）和其孙王时敏接待客
人的主要场所。据说当年绣雪堂前是一片白梅，花开时节，东风拂
过，满园的梅花如雪花飞舞。如果不是馥郁的梅香，定会怀疑自己
是置身于北国的漫天风雪里。

58. 须上白梅

【匾文】须上白梅（引自周辉芬《白梅轩纪事》）。

【释意】相慕白梅恬淡素真。

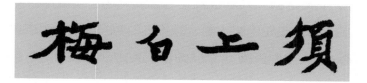

【款识】下款：《白梅轩记》，周辉芬撰。

世上奇花异卉何止万千，而我之所爱者白梅也。她不畏风寒，素面朝天。苍劲古朴，清雅芳洁。疏影横斜，逸气弥漫。冰肌玉骨，不随流俗。老而弥坚，暗香飘渺。吾乃须上周氏后裔，宋代时先辈尝在西山建书院，广植梅，与梅相守相亲焉。梅泉因之而得名。吾辈自当见贤思齐，清白做人，善心待人，抱朴守拙，不尚虚言。此乃梅之德操也。而白梅尤其恬淡素真，实吾心相慕者也。因之名吾斋为"须上白梅轩"。

江山毛善力乃弘一法师之高足，号梅泉居士。辉芬女史之父周瑞先生与我曾先后拜其为师。今拟先师之笔意书之，以博方家一笑。

岁次乙未霜降，江山口庐主人蔡农书于皆近楼。

【规格】190厘米×45厘米。

【材质】镜心。

【题匾人】蔡农，1962年生，浙江江山人。历任江山市书法家协会主席，衢州市书法家协会副主席，三衢印社副社长等。

【简析】须上白梅乃浙江江山作家周辉芬女士的斋号。须上，即指浙江江山，须江主要水源发源于此。据周辉芬《白梅轩纪事》载，白梅轩是祖上的一处古宅，因年久失修，破败漏雨。后经过几次修缮，两间小屋焕然一新。因"宋代时先辈尝在西山建书院，广植梅，与梅相守相亲"，"因之名吾斋为'须上白梅轩'"。

注：周辉芬，1949年生，浙江江山人。作家，出版散文集《江山风月》。

59. 瑶华境界

【匾文】瑶华境界（笔者2024.4.8拍摄）。

【释意】梅花洁白如玉，境界高洁。

【款识】上款：同治癸酉四月。下款：小云江清骧。

【规格】170厘米×40厘米×3厘米。

【材质】木匾。

【题匾人】江清骧（生卒年不详），字小云，号颐园，钱塘（今浙江杭州）人。道光二十年（1840）举人，官江苏常镇道，工篆、隶、行、草。

【简析】瑶华境界位于江苏苏州沧浪亭。瑶华，本为传说中的仙花，色白如玉，花香，为仙界之人所食。瑶华境界，原为南宋韩世忠所建"梅亭"之额，吟咏白梅，喻之若瑶华。这里系主人会客之所，清代曾是一个戏台，据说林则徐曾在这里观赏昆剧。屏风上是宋代苏舜钦《沧浪亭记》全文。瑶华境界北与明道堂相对，中间形成一个爽朗清净的小院，似仙苑幻境，令人着迷。

60. 瑶台

【匾文】瑶台（笔者2023.5.16拍摄）。

【释意】天上神仙所居之地。

【款识】下款：壬辰中秋，驾仓书。

【规格】80厘米×30厘米×3厘米。

【材质】木匾。

【题匾人】驾仓，1944年生，原名俞建华，字驾仓，浙江海盐人。曾任浙江人民美术出版社美术编辑，现为中国书法家协会会员，西泠印社社员，中国美术家协会浙江分会会员，浙江老年大学副教务长等。

【简析】瑶台，传说中神仙居住的地方，位于浙江杭州灵峰探梅景区。亭名取意于明代高启《梅花九首》其一"琼姿只合在瑶台，谁向江南处处栽"。瑶台位于灵峰半山腰，是一个悬山顶敞开式木构方亭。亭前有一个一百多平方米的大露台，站在此处，可同时观赏千株梅花，是个赏梅的绝佳之处。

61. 一生低首拜梅花

【匾文】一生低首拜梅花（笔者2023.10.12拍摄）。

【释意】一生一世伴梅花。

【款识】无款。

【规格】250厘米×30厘米×4厘米。

【材质】木匾。

【题匾人】金峙程，江苏无锡人。书法家。其余不详。

【简析】"一生低首拜梅花"匾挂于江苏无锡梅园香海轩后。古人总喜欢把花木与自己的情趣联系在一起，梅园主人仰慕梅花的高尚品格，愿以梅花为榜样，一生一世伴梅花。

62. 一枝斋

【匾文】一枝斋（引自朱亚夫《名家斋号趣谈》）。

【释意】梅报早春、一枝独秀之斋。

【款识】下款：一九八九年夏，茗山书。

【规格】不详。

【材质】镜心。

【题匾人】茗山法师（1914—2001），江苏建湖人。曾任中国佛教协会常务理事、副会长等。精诗文，擅书法，著《茗山文集》行世。

【简析】一枝斋为曹铭先生斋号。曹铭先生爱梅，曾以"梅室"为斋名。1989年夏，曹铭先生到镇江搞画展，焦山定慧寺茗山法师获悉后，认为"梅室"太直露，不如"一枝斋"为佳，能突出梅花凌寒报春、一枝独秀的品格，遂挥毫写下"一枝斋"三个大字。曹铭先生非常喜欢，装裱后悬挂于室内。

注：曹铭（1926—2010），江西新建人。画家。曾任上海市文史馆馆员，上海交通大学东方艺术交流中心顾问等。

63.影香亭

【匾文】影香亭
（笔者2019.5.16拍
摄）。

【释意】影美花
香之亭。

【款识】下款：梓昭书。

【规格】不详。

【材质】木匾。

【题匾人】阎梓昭（1924—2009），安徽萧县人。长期从事文博事业。曾为中国书法家协会会员，中国书画收藏家协会会员，宿州市书协顾问等。

【简析】影香亭位于安徽滁州醉翁亭风景区，原名"见梅亭"。明代洪熙元年（1425），滁州南太仆寺卿赵次进凿石引水建方池，寺卿邵敏墩在池中建"见梅亭"。清康熙二十四年（1685），滁州知州王赐魁因坐在此亭中既能看到古梅倒影，又能闻到古梅花香，遂把此亭易名为"影香亭"。影香亭两侧庭院墙壁上镌刻两块碑石，一块是吴兴（湖州古称）尹梦璧题的"寒流疏影"，一块是杏山（今属辽宁）王赐魁题的"翠积清香"，"影香"二字也嵌入其中。

64. 玉青斋

【匾文】玉青斋（刘青林先生提供照片）。

【释意】像梅花一般冰清玉洁之书斋。

【款识】下款：丁亥大暑，陈俊愉书于北京梅菊斋中。

【规格】80厘米×30厘米×3厘米。

【材质】木匾。

【题匾人】陈俊愉（1917—2012），祖籍安徽安庆，出生于天津。园林及花卉专家，中国工程院院士，北京林业大学园林学院教授、博士生导师，中国花卉协会梅花蜡梅分会会长，国际梅品种登录权威。

【简析】玉，指梅花玉洁冰清之品格，且刘先生夫人的名字中巧含"玉"字。青，乃刘青林先生的名字中用字（"青""清"谐音），故名。

注：刘青林，1963年生，陕西洋县人。农学博士，中国农业大学园艺学院教授，博士生导师。兼任中国园艺学会理事、球宿根花卉分会会长，中国花卉协会理事、梅花蜡梅分会副会长等。

65.远香馆

【匾文】远香馆（笔者2023.10.12拍摄）。

【释意】梅香远溢之馆。

【款识】上款：乙丑年。下款：能父。

【规格】200厘米×80厘米×3厘米。

【材质】木匾。

【题匾人】王能父（1915—1998），江苏泰州人。书法篆刻家。

【简析】"乙丑年"，即1985年。远香馆位于江苏无锡梅园内，靠湖而建。现主要为游人品茶、就餐之用。

66．云香亭

【匾文】云香亭（笔者
2023.5.16拍摄）。

【释意】梅香在空中飘
溢之亭。

【款识】下款：□□书。

【规格】140厘米×40厘米×3厘米。

【材质】木匾。此匾为弧形，似用三合板或五合板（便于弯曲）制作。

【题匾人】不详。

【简析】云香，指空中的香气，极言梅香飘溢之远。歌曲《红梅赞》有"昂首怒放花万朵，香飘云天外"之句。云香亭位于浙江杭州灵峰探梅三大景区之一——品梅苑，这里梅花名品云集，造型优美。花开时节，暗香浮动，沁人心脾，好似从天外飞来。

此亭为梅花形，另一面匾额为"百花魁"。

67. 赞梅轩

【匾文】赞梅轩（笔者2023.5.16拍摄）。

【释意】赞美梅花之轩。

【款识】无。

【规格】250厘米×40厘米×4厘米。

【材质】木匾。

【题匾人】不详。

【简析】赞梅轩位于浙江杭州灵峰探梅景区品梅苑内，是一个曲折多姿的长廊。轩内悬挂梅花图，陈列梅花科普知识展板等。赞梅轩、破腊传春、香雪亭等建筑与梅花组合在一起，更显梅花的高雅古朴。

三、有梅为伴类

1.百梅书屋

【匾文】百梅书屋（引自斯舜威《名家题斋》）。

【释意】珍藏名家梅花图卷之居。

【款识】下款：马叙伦署。

【规格】不详。

【材质】镜心。

【题匾人】马叙伦（1885—1970），浙江余杭人。著名教育家，社会活动家，中国民主促进会主要创始人和首位中央主席。

【简析】百梅书屋，陈叔通旧居，原在浙江杭州华藏寺巷，现已无迹可寻。

陈叔通（1876—1966），浙江杭州人。光绪二十九年（1903）进士，政治活动家，爱国民主人士。陈叔通之父陈蓝洲生前喜花嗜梅，为纪念父亲嗜梅之癖，他以父亲遗留下来的唐伯虎《梅花图》为基础，广为收集梅花图，前后用了三十多年的时间，共收藏以明清为主的三百余件梅花作品。后来，他又收藏了清代高简（字澹游）《百梅书屋》图卷，遂将自己的斋号"有所不为斋"更名为"百梅书屋"。

2.伴梅居

【匾文】伴梅居（严太平先生提供照片）。

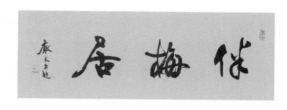

【释意】喜爱梅花为伴之居。

【款识】下款：严太平题。

【规格】不详。

【材质】镜心。

【题匾人】严太平，1945年生，湖北孝感人。中国书法家协会会员，全国公安书法家协会副主席等。

【简析】伴梅居系严太平先生斋号，究其缘由，就是"因为梅花既有鲜艳的花枝，又有傲霜斗雪的气概"（严太平语）。另外还有一个原因，严先生夫人的名字就叫王梅花，故名。

3.二梅书屋

【匾文】二梅书屋（笔者2014.3.18拍摄）。

【释意】门前植两株梅花之书屋。

【款识】下款：己丑年夏月，撰堂刘少英题。

【规格】不详。

【材质】木匾。

【题匾人】刘少英，1961年生于内蒙古包头，祖籍河北。自幼喜书画篆刻艺术。现为中国书法家协会会员、鉴定评估委员会委员，海南省科学院文化艺术学院、历史文化研究院院长等。

【简析】二梅书屋位于福建福州市三坊七巷，清人林星章旧居，始建于明代。林星章，福建侯官人，道光六年（1826）进士。地方志专家，教育家，曾是清代官办凤池书院（福州一中前身）山长。林星章喜梅，曾在书屋外种植两株梅树，故名"二梅书屋"。现在，二梅书屋已成为这座五进宅院的代名词，定位为"福建民俗博物馆"，全国重点文物保护单位。

2014年3月，笔者到此考察时，门前梅花其中一株长势很弱，病虫害严重，部分主干干枯。一晃十年，不知现在长势如何？！

4. 古梅福地

【匾文】古梅福地
（笔者2010.2.23拍摄）。

【释意】植梅修炼
之道观。

【款识】上款：清郑亲王敬书。下款：癸酉冬月重修。

【规格】不详。

【材质】木匾。

【题匾人】清郑亲王，其余不详。

【简析】福地，指神仙居住之处，旧时常以称道观、寺院。"古
梅福地"悬挂于浙江湖州金盖山古梅花观正门之上，为清嘉庆年间
郑亲王所书。据记载，古梅花观始建于南朝宋元嘉初期，因南朝道

学家陆修静在此植梅修炼而得名，后成为浙沪全真道教龙门派总坛，是中国著名的洞天福地之一。道观中有一古梅，传为陆修静亲栽，故有"古梅福地"之称。

现存古梅，为后人所植，树龄120年左右。笔者于2010年2月23日到此考察时，古梅正散发着淡淡的幽香。

5. 古梅奇石圃

【匾文】古梅奇石圃（笔者2023.10.12拍摄）。

【释意】古梅奇石园区。

【款识】下款：可风。

【规格】200厘米×40厘米×5厘米。

【材质】木匾。

【题匾人】史克方（1920—2005），号可风，字芥夫，江苏宜兴人。先后在无锡辅仁中学、市二中、无锡师范等学校担任教导主任、校长等。创建江南书画院，任院长。中国书法家协会会员，曾任无锡市书法家协会名誉主席，无锡市书画院顾问等。

【简析】古梅奇石圃位于江苏无锡梅园内，是一个集古梅与奇

石于一体的"园中园"。设立以梅花为主题的照壁，展出以梅为主的书画，陈列各种古梅桩等，进一步美化完善了梅园的赏梅功能。

6.寒梅风松斋

【匾文】寒梅风松斋（朱志奇先生提供照片）。

【释意】梅雅松古之斋。

【款识】下款：丙戌仲夏，陈俊愉书。

【规格】108厘米×36厘米×3.5厘米。

【材质】石匾（花岗岩）。

【题匾人】陈俊愉（1917—2012），祖籍安徽安庆，出生于天津。园林及花卉专家，中国工程院院士，北京林业大学园林学院教授、博士生导师，中国花卉协会梅花蜡梅分会会长，国际梅品种登

录权威。

【简析】寒梅风松斋位于山东莱州梅园梅韵轩东北侧，主要用于展示各种梅花品种的特性、花型、花色等，进行科普宣传。

7. 崔梅仙馆

【匾文】崔梅仙馆
（笔者2011.7.31拍摄）。

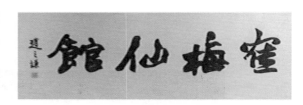

【释意】门前老梅
似鹤之馆舍。

【款识】下款：赵之谦。

【规格】不详。

【材质】木匾。

【题匾人】赵之谦（1829—1884），浙江绍兴人。书画家、篆刻家。

【简析】"寉",同"鹤"。寉梅仙馆位于江苏太仓南园。南园是明代诗人、首辅王锡爵种梅养菊之处。园内遍植梅花,此馆前有一梅桩,扎成仙鹤模样,命名为"一只瘦鹤舞",故名"寉梅仙馆"。据说此梅直到清末才毁去。

笔者于2011年7月到此考察时,寉梅仙馆周围栽植数十株梅花,树龄在三十年左右,苍劲古雅,虬曲多姿,虽然不是花期,但同样韵味十足,十分耐看。

注:匾额"寉梅仙馆"中的"寉"字右边没有"鸟",据说就是因为此"寉"为梅花造型之"寉",赵之谦在题写此匾时故意隐去了"鸟"字。

8. 九梅书屋

【匾文】九梅书屋(笔者2022.2.18登录"中国嘉德2019秋季拍卖会"网站)。

【释意】门前植九株梅花之书屋。

【款识】下款:懽伯尊属篆,赵之谦。

【规格】不详。

【材质】木匾。

【题匾人】赵之谦(1829—1884),浙江会稽人。清代著名书画家,篆刻家。

【简析】懽,即"欢"的异体字,快乐,高兴。懽伯,即孙熹

（生卒年不详），江苏吴县人，字懂伯，自署宋井斋。历任浙江宁海、黄岩、鄞县县令，善书，著有《宋井斋诗文集》。

据载，同治五年（1866）二月，赵之谦到黄岩谋职，孙熹（时任黄岩知县）给予厚待。之后，孙熹还经常帮助赵之谦解决经济上的困难。赵之谦在孙熹幕中一年多（一说四年），两人来往密切，既是公事上的友朋，更是艺术上的知音，故赵之谦为孙熹作书画甚多。"九梅书屋"匾额应该就是在这个时期篆题的，但目前尚未发现孙熹与"九梅书屋"有关的记载。赵之谦为何题此匾额，有待于进一步考证。

9. 梅华草堂

【匾文】梅华草堂（笔者2010.2.19拍摄于上海朱屺瞻艺术馆）。

【释意】遍植梅花之庭院。

【款识】下款：吾曾为画友屺瞻先生刊梅花草堂印，复为画梅花草堂图，再三画梅花幅。今又于沪渎筑新屋，万里函索此三字，吾友真与白石有缘也。八十八也。

【规格】不详。

【材质】画框装裱。

【题匾人】齐白石（1864—1957），湖南湘潭人。中国近现代著

名书画家、篆刻家。曾任中央文史研究馆馆员，北京中国画院名誉
院长等。

10. 梅华草堂

【匾文】梅华草
堂（笔者2011.7.31
拍摄于江苏太仓朱
屺瞻故居）。

【款识】下款：白石。

【规格】不详。

【材质】木匾。

【题匾人】齐白石（见第134页9.梅华草堂【题匾人】简介）。

【简析】"华"，通"花"。朱屺瞻作为我国画坛的一代宗师，对
梅花情有独钟。他不仅爱梅、画梅、种梅，而且还以"梅华草堂"

三颜其居。第一个梅华草堂是在故乡江苏太仓浏河镇，建于1932年。抗日战争期间江苏太仓沦陷后，朱屺瞻避居上海。1946年，朱屺瞻在上海南市购买一块空地，盖房植梅，此为第二个梅华草堂。齐白石篆书"梅华草堂"匾额，就是这个梅华草堂建成后，应朱屺瞻所嘱而题。1959年，朱屺瞻迁居上海巨鹿路，这是第三个梅华草堂。

梅华草堂已不仅仅是一个具体的建筑，更是成了一种象征，随着它的主人一起名扬中外。

注：朱屺瞻（1892—1996），江苏太仓人。著名画家。曾任上海美术专科学校教授，中国美术家协会顾问，中国书法家协会理事，上海市文史研究馆馆员，西泠印社顾问等。

11. 梅华草堂

【匾文】梅华草堂（笔者2023.10.11拍摄）。

【释意】梅花绕屋之厅堂。

【款识】下款：庚寅七月穀旦，人德题。

【规格】140厘米×70厘米×4厘米。

【材质】木匾。

【题匾人】华人德，1947年生，江苏无锡人。苏州大学研究馆馆员、博士生导师，江苏省文史研究馆馆员，苏州书法家协会名誉主席等。

【简析】梅华草堂位于江苏苏州玉涵堂（吴一鹏故居）后花园——真趣园。厅堂内屏风正面有薛福馨先生绘制的《梅花香自苦寒来》浅刻画，背面刻有文徵明的《梅花诗》及楹联，表现了玉涵堂主人事亲至孝、事君至忠、为吏清廉、为人正直的高尚品格。

梅华草堂两侧各有梅花（玉蝶或宫粉型）一株，树龄在十五年左右。左侧梅花，枝干虬曲，探身湖面，典雅俏丽。右侧一株，因有高大乔木遮荫，长势一般，且未及时修剪（徒长枝、弱枝、枯枝），显得有些杂乱。

现在，这里新开设苏州文化体验项目，如评弹、昆曲等，白天晚上都有演出。到此可以坐下来，听听苏州吴语小调，品品苏式精制茶点，享受一段美丽的闲暇时光。

12. 梅华老屋

【匾文】梅华老屋（笔者2023.5.15拍摄）。

【释意】院中栽植老梅之居。

【款识】下款：歠生自题。

【规格】110厘米×35厘米×2厘米。

【材质】木合板。

【题匾人】傅濂（生卒年不详），字瓛生，浙江临海人。清代中期书画篆刻家，诗人。喜梅、画梅，室名梅华老屋，著有《梅华老屋诗钞》等。

【简析】梅华老屋位于浙江临海九曲巷（临海中学左侧）38号，是清嘉庆、道光年间书画家傅濂的故居。据说当年故居南墙外院有一株老梅，故颜其居"梅华老屋"。

笔者考察那天，早上七点赶到此处时，尚未开门（大门内用木棍顶着）；几经打听，多亏一位热心女士引领笔者从后面小门进入。

此处尚未开发，住有居民，当时晾晒衣物多件，显得很零乱。又因年久失修，屋瓦塌落，梁枋霉烂，杂草丛生，破败不堪，急需修缮。

13. 梅花书屋

【匾文】梅花书屋（引自2021.2.25无锡教育电视新闻）。

【释意】院内一树梅花盛开之居。

【款识】下款：集盫。

【规格】不详。

【材质】砖匾。

【题匾人】事迹不详。

【简析】梅花书屋位于江苏无锡健康路新街巷32号。1926年，钱孙卿先生因子女较多，在征得其父亲同意后，于后院西北角添建楼房三楹，之后又接建楼房一楹，因

梅花书屋（笔者2014.8.7拍摄）

院内有一树盛开的梅花，故名"梅花书屋"。据钱孙卿孙女钱静汝女士介绍，"梅花书屋"匾额为钱孙卿夫人娘家人所题。当年，除钱孙卿外，钱锺书等众多钱氏后人都在这里念书做功课。

又据2021年2月25日无锡教育电视新闻报道，钱孙卿故居经过九个月的修缮，故居全貌得以复现。现为钱锺书后人居住，但仍未对外开放。

　　注：江苏无锡新街巷32号，巷子尽头为钱孙卿梅花书屋，笔者到此考察时尚未对外开放。

　　钱孙卿（1887—1975），名基厚，以字行，晚号孙庵老人，江苏无锡人。钱锺书之叔父，社会活动家。新中国成立前曾当选为无锡县自治促进会副会长，江苏省议会议员。新中国成立后任江苏省政协副主席等。

14. 梅花书屋

【匾文】梅花书屋（笔者2012.4.28拍摄）。

【释意】千树梅花环绕之屋。

【款识】下款：丁亥年孟夏，赵口中题。

【规格】不详。

【材质】木匾。

【题匾人】事迹不详。

【简析】梅花书屋位于浙江诸暨九里山畔。此处三面环山，树木葱翠，一条清溪流经梅花书屋东侧注入远处的水库之中，环境优雅，清新宜人。

　　据明代宋濂《宋学士文集》记载，当年王冕携妻孥隐于九里山中，"种豆顷亩，粟倍之，种梅花千树，桃杏居其半……结茅庐三间，自题为'梅花屋'。"王冕曾有《梅花屋》诗曰："荒苔丛篠路萦回，绕涧新栽百树梅。花落不随流水去，鹤归常带白云来。买山自得居山趣，处世浑无济世材。昨夜月明天似水，啸歌行上读书台。"但笔者到此考察时，匾额为"梅花书屋"，其依据有待进一步考证。

15. 梅华堂

【匾文】梅华堂（笔者2023.9.10拍摄）。

【释意】傲骨寒梅环绕之堂。

【款识】下款：壬午冬，金峰。

【规格】200厘米×120厘米×5厘米。

【材质】木匾。

【题匾人】不详。

【简析】梅华堂位于河南开封后门之内，是包拯（999—1062）接待百姓申冤和现场办案的地方。据宋代周密《癸辛杂识》记载，"开封府衙后有蜡梅一株，以为奇，遂创梅华堂"。相传宋代告状人写好状纸，要交由大门衙役，再二门、三门传递到大堂，但衙役往往胡作非为，层层收钱，否则就扣下状纸。为防止衙役刁难和敲诈百姓，包拯在权知开封府（从三品）期间，专门在开封府北门内建一梅华堂，让告状者直接进入梅华堂申诉，自己则面北坐堂审案，从此就有了"包拯倒坐南衙"之说。

梅华堂内有一组包拯"倒坐南衙听民诉"蜡像，栩栩如生。堂前院内有蜡梅四株，梅花（真梅系、樱李梅系）近二十株，东、西配殿分别为"寒雪清骨""香如之远"，紧扣梅花主题，与主厅梅华堂相呼应，共同营造出一种无畏、坚韧与高洁的氛围。

注：唐代各官署都设在宫城之南，古称"南衙"。北宋时期，也习惯称开封府的官署为"南衙"。

16. 梅花堂

【匾文】梅花堂（笔者 2011.7.31 拍摄）。

【释意】周围遍植梅花之厅堂。

【款识】下款：眉山苏轼。

【规格】不详。

【材质】木匾。

【题匾人】苏轼（1037—1101），字子瞻，号东坡居士，眉州眉山（今四川眉山）人，北宋著名文学家、书画家，"唐宋八大家"之一。

【简析】梅花堂坐落在江苏省张家港市小香山之巅，初建于宋代。相传苏轼晚年仕途失意，因江阴友人葛氏邀请，曾数度来梅花堂怡情养生，并书题梅花堂匾额，梅花堂后毁于战火。明朝末年，有爱山之癖、赏梅之趣的徐应震（徐霞客族兄）去官之后隐居小香山，并在居室周围种植梅竹，亦称"梅花堂"。

近年来，张家港市镇两级政府积极采取措施，开发香山旅游资源。2005年，于香山之巅重建梅花堂。堂为五间仿古建筑，清新自然，古朴典雅。

17. 梅花厅

【匾文】梅花厅（笔者2023.10.10拍摄）。

【释意】周围遍植梅花之厅堂。

【款识】下款：文伯。

【规格】150厘米×40厘米×4厘米。

【材质】木匾。

【题匾人】魏文伯（1905—1987），湖北黄冈人。革命家、教育家、书法家。曾任中共上海市委书记处书记，司法部部长，中共中央顾问委员会委员等。

【简析】梅花厅位于上海古猗园，是一座典型的清代建筑。全木结构，飞檐古朴，门窗上梅花图案精雕镶嵌，四周植有红梅、绿梅、白梅、蜡梅数十株。厅堂邻近道路，均铺设成形态各异的梅花图案，体现了四季有梅、如入仙境之意趣。

18. 梅花厅事

【匾文】梅花厅事（笔者2014.8.8拍摄）。

【释意】梅花绕屋之厅堂。

【款识】下款：先外曾祖曲园俞公《怡园记》中谓，藕花水榭南向，旧有此额，今失去，敬为补书。丁卯冬，许宝骙。

【材质】木匾。

【题匾人】许宝骙（1909—2001），浙江杭州人，俞樾外曾孙。曾任广州学海书院秘书兼图书馆馆长，北平中国大学总务长、教授，《团结报》总编辑、社长、荣誉社长等。

【简析】厅事，古作"听事"，指官署视事问察的厅堂，又指私人住宅的堂屋，这里指园主的厅堂。梅花厅事是苏州怡园的主体建筑，从外面看是一座四面厅，从内部看是一座鸳鸯厅。北为藕花榭，面临荷花池，南为梅花厅事，因厅前是一片梅花林，故又名"锄月轩"。梅花厅事匾额下，有清末著名学者、曲园主人俞樾撰写的《怡园记》。外祖孙俩同在怡园的一个厅堂里题书留下印记，成就了一段艺苑佳话。

注：作者于2014年8月8日到此考察时，仅有"锄月轩"说明牌，而无此额。

19. 梅花亭

【匾文】梅花亭（笔者2010.2.24拍摄）。

【释意】周围栽植梅花之亭。

【款识】上款：光绪丁酉六月。下款：婺源江峰青。

【规格】不详。

【材质】木匾。

【题匾人】江峰青（1860—1931），徽州婺源（今江西婺源）人。光绪十二年（1886）进士，曾两次任嘉善知县，累官至道员、大学士，能诗善画，擅长制联，曾为吴镇祠题联"君身自有仙骨，几生修到梅花"。

【简析】梅花亭位于浙江嘉善梅花庵，为明正德年间知县倪玑所建，初为草亭，名"暗香浮月"，后易草为瓦。清光绪二十三年（1897），江峰青第二次任嘉善知县期间题"梅花亭"，沿用至今。亭内有明代陈继儒撰写的《修梅花道人墓记》碑，对面为吴镇墓。此院内主要植蜡梅，出"留馨""谒梅"月洞门，院内主要植白梅、红梅、绿萼梅，另有一尊手执画笔、飘逸洒脱的吴镇雕像等。

笔者于2010年2月到此考察时，正值梅花、蜡梅盛开，芳香袭人。

20. 梅寮

【匾文】梅寮（笔者2014.10.14晚拍摄）。

【释意】院内植梅畜鹤之小屋。

【款识】下款：曹骥。

【规格】不详。

【材质】木匾。

【题匾人】曹骥，当代书法家。曾任扬州书法家协会副主席、秘书长。以小楷见长，兼擅隶书、行书。

【简析】梅寮位于江苏扬州街南书屋院内。寮，指小屋，简陋的屋舍。梅寮为马氏兄弟接待一般宾客之所。笔者2014年10月到此考察时，梅寮系街南书屋酒店的一处火锅厨房间（时值秋天，尚未使用）。梅寮前植梅七株，均为朱砂型，中间一较大梅树发一年生枝条后枯萎。蜡梅共九株，大小不一，均长势良好。

注：马氏兄弟指马曰琯、马曰璐，扬州盐商，好学，工诗，富藏书，其慷慨好义，名声远播，人称"扬州二马"，在扬州建别墅街南书屋。

21. 梅圃溪堂

【匾文】梅圃溪堂（笔者2014.8.3拍摄）。

【释意】周围遍植梅花之堂。

【款识】下款：堂秋水阁之后，因钱氏植古梅数十株，自题梅圃溪堂也。

【规格】不详。

【材质】木匾。

【题匾人】不详。

【简析】梅圃溪堂位于江苏常熟虞山拂水岩下，原为明末文坛领袖钱谦益修建，是其别墅——拂水山庄的一部分，早已不存。当时的梅圃溪堂，周围遍植梅花。钱谦益在《山庄八景诗·梅圃溪堂》

"序"中云："秋水阁之后，老梅数十株，古干虬缪，香雪浮动，今筑堂而临之。"他还有诗赞曰："梅花村落傍渔庄，寂历繁英占草堂。""老梅放繁花，回此世界春。"可见当时此处梅花之盛。

现在的梅圃溪堂为21世纪初由当地政府重建，堂前堂后有红梅、绿梅各一株。这里回廊环绕，古朴典雅，曲径通幽，回廊内的"梅雪""梅影""柳月""竹韵"等砖额，更增添了此处的梅文化内涵和人文意趣。

22．梅亭

【匾文】梅亭（笔者2023.10.11拍摄）。

【释意】周围遍植梅花之亭。

【款识】上款：壬口年春。下款：刘铁平书。

【规格】140厘米×40厘米×3厘米。

【材质】木匾。

【题匾人】刘铁平，1946年生，江苏无锡人。书画家。

【简析】梅亭位于江苏无锡寄畅园八音涧之巅。站在此处，居高临下，凭栏四望，俯仰有情。

亭周围（左、右、后）植蜡梅一株、梅花二十余株。笔者到此考察时，发现此处梅花由于周围其他高大树木遮荫，新生枝条非常纤细。细到什么程度？要想剥开皮层看看木质部颜色，确定一下是什么类型的梅花都很难；用指甲一掐，就有种要折断的感觉。

23. 梅亭

【匾文】梅亭（笔者2023.10.13拍摄）。

【释意】周围遍植梅花之亭。

【款识】下款：永义。

【规格】120厘米×50厘米×4厘米。

【材质】木匾。

【题匾人】蒋永义，1946年生，江苏扬州人。中国书法家协会会员，西泠印社社员，扬州市书法家协会副主席，竹西印社社长。

【简析】梅亭位于江苏扬州瘦西湖万花园"湖上梅林"景区，这里栽植梅花近四千棵。早春2月，漫山遍野的梅花，灿若烟霞，如同一片绚烂花海，蔚为壮观。

24.梅仙居

【匾文】梅仙居（朱志奇先生提供照片）。

【释意】梅园主人修养之所。

【款识】下款：辛巳冬，陈俊愉书。

【规格】128厘米×48厘米。

【材质】石匾（花岗岩）。

【题匾人】陈俊愉（1917—2012），祖籍安徽安庆，出生于天津。园林及花卉专家，中国工程院院士，北京林业大学园林学院教授、博士生导师，中国花卉协会梅花蜡梅分会会长，国际梅品种登录权威。

【简析】梅仙居位于山东莱州梅园，平房，由卧室、茶室和书房三部分组成，此乃梅园主人朱志奇先生的修养之所。

25. 梅韵轩

【匾文】梅韵轩（朱志奇先生提供照片）。

【释意】梅品种、梅盆景艺术展厅。

【款识】下款：乙酉年夏，潘英琪。

【规格】180厘米×42厘米×3.5厘米。

【材质】石匾（花岗岩）。

【题匾人】潘英琪，1953年生，山东莱州人。国家一级美术师。曾供职于烟台市博物馆，中国书法家协会维权鉴定委员会委员，国

家博物馆书画艺术专家委员会委员等。

【简析】梅韵轩位于山东莱州梅园，面积一百五十平方米，主要用于梅花品种、梅花盆景展示。

26. 梅竹山庄

【匾文】梅竹山庄（笔者2010.2.22拍摄）。

【释意】栽植古梅修竹之别墅。

【款识】下款：陈鸿寿。

【规格】不详。

【材质】木匾。

【题匾人】陈鸿寿（1768—1822），钱塘（今浙江杭州）人。书画家、篆刻家。

【简析】梅竹山庄位于浙江杭州西溪湿地公园，原为清代文人章黼所建别墅，有茅屋两间。堂内挂满名人字画，篱墙园内多古梅修竹，后在太平天国运动中被毁。

现在的梅竹山庄是2005年恢复重建的，主要有梅竹吾庐、萱晖堂、虚阁、浮亭等。其周围增补梅花数百本，并植修篁莳花，境幽雅胜，是西溪湿地公园八景之一。

注：章黼（约1777—1857），字次白，钱塘（今浙江杭州）人。博学多才，性高洁，好读书，喜字画，善交友。一生所交好友多为江浙诗坛画界名流，如奚冈、陈鸿寿、高树程、费丹旭、戴熙等。

27.梅竹吾庐

【匾文】梅竹吾庐（笔者2010.2.22拍摄）。

【释意】梅竹环绕之屋舍。

【款识】上款：乙酉春。下款：林□。

【规格】不详。

【材质】木匾。

【题匾人】不详。

【简析】梅竹吾庐位于浙江杭州西溪湿地公园，系清代文人章黼之别墅——梅竹山庄的主体建筑之一，为主人会客的场所。房舍周围有众多古梅、修竹环绕，充满了清新的雅致气息。

28. 青梅草堂

【匾文】青梅草堂（笔者2014.7.9拍摄）。

【释意】房前屋后梅树掩映之堂。

【款识】下款：金鉴才题。此四字可令佳工刻之。当今天下应无此好匾矣！明斋翁真大醉了。

【规格】不详。

【材质】木匾。

【题匾人】金鉴才，1943年生，浙江义乌人。西泠印社名誉副社长，中国书法家协会学术委员会委员，浙江省书法家协会副主席等。长于书法篆刻、大写意花鸟画，喜吟诗填词。

【简析】青梅草堂位于浙江诸暨斯宅村斯舜梅园，系当代书法家斯舜厚先生居室，建于1983年。因屋前屋后梅树掩映，故名"青梅草堂"。

29. 双梅居

【匾文】双梅居（朱志奇先生提供照片）。

【释意】梅园主人夫妇居所。

【款识】下款：己亥，家兴。

【规格】110厘米×42厘米×4厘米。

【材质】木匾。

【题匾人】赵家兴，1960年生，山东莱州人。中国书法家协会会员，烟台市书协理事，莱州市书法院院长，莱州市书协副主席。

【简析】双梅居位于山东莱州梅园园内。1998年春，莱州梅园主人朱志奇夫妇，收集了莱州本地以及引进了全国各地一些梅花品种，建立了莱州宏顺梅园。夫妇两从一砖一瓦建设，一锨一剪劳

照片中人即为朱志奇夫妇

作，一分一元积累，逐步发展到现在占地三百多亩的莱州梅园。虽有资产，但不喜喧嚣，终日与梅为伴，以群众游览之乐为乐。虽身居陋室，而心已为梅仙矣。

30. 万梅华庐

【匾文】万梅华庐（笔者2014.8.5拍摄）。

【释意】万树梅花环绕之庐。

【款识】无款。

【规格】不详。

【材质】砖匾。

【题匾人】不详。

【简析】万梅华庐位于上海金山区张堰镇，系近代杰出文学家、社会活动家高旭（1877—1925）居所。1903年，高旭在张堰镇牛桥河旁的宅舍四周栽植梅花数千株，将居室命名为"万梅华庐"，亦称"万树梅华绕一庐""一树梅华一草庐"等。

1937年，日寇登陆金山卫后，万梅华庐遭破坏严重，面貌全失。新中国成立后，此处先后被改为张堰幼儿园、张堰小学、张堰成人学校等。房屋在20世纪80年代后期全部拆毁。

2014年8月笔者到此考察时，万梅华庐在张堰镇新华东路65号，正门是成人学校，后墙、部分西墙及前墙门额"万梅华庐"仍在，周围已无梅。但当年高旭手植的两株桂花，虽树龄已有百年，但仍生机盎然，郁郁葱葱。

31. 小梅华馆

【匾文】小梅华馆（引自张廷济研究会《眉寿不朽：张廷济金石书法作品集》）。

【释意】精致的梅花房舍。

【款识】下款：彦宣吴兄先生鸿笔丽藻之选也。裁诗则宗梅村祭酒，作画则师梅华庵主，皆世其家学，为匾以赠。道光二十三年癸卯九秋，嘉兴弟张廷济，时年七十六。

【规格】104厘米×29.5厘米。

【材质】镜心。

【题匾人】张廷济（1768—1848），原名汝林，字顺安，号叔未，别署梅寿老人，浙江嘉兴人。金石学家，书法家。

【简析】"华"，同"花"。"扁"，即"匾"。鸿笔丽藻，形容诗文笔力雄健，辞藻华丽。梅村祭酒，即吴伟业（1609—1672），号梅村，明末清初诗人。顺治年间曾任国子监祭酒（从四品，主要任务是掌管大学之法与教学考试）。梅华庵主，指元代书画家吴镇（1280—1354），生性爱梅，酷爱画梅竹，号梅花庵主，又号梅花道人。

张廷济题赠此额，又誉其诗画源于吴姓大艺术家，真乃文人相重，其乐融融。

注：彦宣吴兄，即吴廷燨（1803—1856），字彦宣，浙江海盐人。工倚声（填词），善山水，室名小梅花馆。著有《小梅花馆词》三卷。

32. 友梅轩

【匾文】友梅轩（胡中先生提供照片）。

【释意】以梅为友之轩。

【款识】下款：袁州题。

【规格】150厘米×80厘米×3厘米。

【材质】木匾。

【题匾人】不详。

【简析】友梅轩位于浙江杭州半山国家森林公园，这里集生态、文化、休闲、旅游于一体，山峦起伏，层峦叠翠，犹如一幅美丽的画卷。友梅轩建于森林公园游步道边，主要供游客休闲之用。

四、趣闻典故类

1. 百亩罗浮

【匾文】百亩罗浮（笔者
2023.5.16拍摄）。

【释意】梅花既多且盛。

【款识】下款：马世晓。

【规格】80厘米×30厘米×3厘米。

【材质】木匾。

【题匾人】马世晓（1934—2013），山东滕州人。书法家。曾任浙江大学教授，中国书法家协会第一、二届评审委员会委员，浙江省书法家协会第二、三届副主席等。

【简析】"百亩罗浮"位于浙江杭州灵峰探梅景区。罗浮，指代梅花。据唐代柳宗元《龙城录》载：隋开皇年中，赵师雄隐居罗浮山。一日，天寒日暮之时，赵师雄醉憩于松林酒肆旁，见一女子淡妆素服出迎。赵师雄与之语，但觉芳香袭人。"因与之扣酒家门，得数杯相与饮。少顷有一绿衣童来，笑歌戏舞亦可自观。顷醉寝，师雄亦懵然，但觉风寒相袭久之。时东方已白，师雄起视，乃在大梅树下，上有翠羽啾嘈相顾，月落参横，但惆怅而尔。"后多以"罗浮""罗浮美人""罗浮梦"等喻梅花。百亩罗浮，极言此处梅花之多、之盛。

注：啾嘈（jiū cáo）：喧杂细碎的声音。

2. 拜梅亭

【匾文】拜梅亭（笔者2023.10.12拍摄）。

【释意】叩拜慈母化身之亭。

【款识】下款：季公。

【规格】95厘米×32厘米×3厘米。

【材质】木匾。

【题匾人】不详。

【简析】拜梅亭位于江苏南京古林公园。该园占地四百多亩，三千余株梅花。拜梅亭为一组综合建筑，亭连曲廊，梅竹相映。亭前石碑记载了一个"敬梅为母"的感人故事：相传，南朝齐梁时代，有一个孝子姓鲍名元，安徽人，在海南担任州官。回乡探亲经过南京，来到古林寺（即现在的古林公园）游玩时，遇见一株老梅，干劲枝繁，形态古朴。因母亲小字为梅，鲍元将此梅当作慈母的化身，于是撩衣跪倒，在梅花前拜了又拜。据说，当时万树梅花为鲍元的孝心所感动，一齐低首而拜。后来，鲍元又出资在此建造了一座拜梅庵（现已无迹可寻），以缅怀自己的母亲。现在的拜梅亭就是根据这个传说而建的。

　　"孝居百行之先。"（清·王永彬《围炉夜话》）拜梅亭所蕴含的意义，就在于告诉人们：孝敬父母不能等，父母之恩一定要尽快、及时地回报。

3. 放鹤亭

【匾文】放鹤亭（笔者2010.2.22拍摄）。

【释意】妻梅子鹤之亭。

【款识】下款：御笔。

【规格】不详。

【材质】木匾。

【题匾人】爱新觉罗·玄烨（1654—1722），即康熙帝，清朝第四位皇帝，是中国历史上在位时间最长的皇帝。他奠定了清朝兴盛的根基，开创出"康乾盛世"的局面。

4. 放鹤亭

【匾文】放鹤亭（笔者2019.5.19拍摄）。

【款识】下款：杨学洛书。

【规格】不详。

【材质】木匾。

【题匾人】杨学洛（？—1930），浙江杭州人。清末书法家，曾任杭州第一师范国文教师。

【简析】放鹤亭位于浙江杭州西湖孤山，为纪念宋代诗人林逋而建，最初这里是两个亭子。元朝初年，杭州儒学提举余谦重修林逋墓后，在墓旁建了一个梅亭；郡人陈子安买了一只鹤养在林逋墓旁，又修了一个鹤亭。明嘉靖年间，梅亭与鹤亭已破败不堪，钱塘知县王钺把两个亭子合在一起，重修了一个亭子，取名"放鹤亭"。现在的放鹤亭为1915年重建。此处景观被称为"梅林归鹤"，乃西湖十八景之一。

注：笔者于2010年2月到此考察时，放鹤亭内匾为康熙帝御笔，亭外匾为杨学洛题。2019年5月到此考察时，仅存内匾，杨学洛题。

5. 红梅阁

【匾文】红梅阁（笔者2023.10.12拍摄）。

【释意】周围遍植红梅之阁。

【款识】下款：一九五七年大暑，集苏。

【规格】220厘米×100厘米×5厘米。

【材质】木匾。

【题匾人】苏轼（1037—1101），字子瞻，号东坡居士，眉州眉山（今四川眉山）人。北宋著名文学家、书画家，"唐宋八大家"之一。据载，苏轼自熙宁四年（1071）任杭州通判的路上第一次途经常州，到建中靖国元年（1101）在儋州获赦后最后一次返归常州，这期间他十四次到过常州，一生与常州结下了不解之缘。

【简析】红梅阁位于江苏常州红梅公园，始建于唐昭宗年间（889—904），是一座双层重檐复棚式古建筑。此阁相传为北宋道教南宗始祖紫阳真人张伯端著经处；元代在此建飞霞楼，后毁；明代在飞霞楼旧址建红梅阁；现存建筑为清代重建。

据传，元末有个叫龚子彬的县吏，在玄妙观内造重案犯的狱册，命婢女每天给他送饭。一天，他有事外出，回到玄妙观时只觉得肚子饥饿，却不见婢女送饭来，就怒气冲冲地赶回家，责怪妻子，并不问青红皂白就将婢女乱打一通。不料误伤婢女头部，使其当场毙命。其实，那天婢女是按时送饭的，因龚子彬外出，把饭菜放在书桌上，怕饭菜凉了，她就用桌子上的纸张盖上，而龚子彬并没有看见，误以为婢女没送。后来龚子彬在案桌上发现了已经变霉的饭菜，才醒悟到是自己冤枉了婢女，屈死人命。他联系到自己正在处理的这些积案，便长叹一声："唉，这里积案如山，怎么知道没有冤枉的呢！"于是，他便向上面请罪。因是投案自首，上面就给了他流放云南的处罚。恰巧当时的常州刺史（一说府台）是云南人，托龚子彬带了封家书。当解差押着他起程时，一位白发苍苍的老人迎上来说："你们到云南去，何不与我同往？"说着，给两人一根手杖、一条丝带叫他们系上，坐好后就腾空而起，飘然飞行。不多时，就来到了云南一座红梅正怒放的城市。龚子彬来到刺史家里，刺史的老父亲一看信上署的日期是当天，大吃一惊。为了感谢他及时送家书，就请求当地的官府准假，叫他回常州送趟回信。于是，那个白发老者再次绑上丝带，一瞬间就回到了常州。龚子彬去见刺史，呈上刺史父亲的亲笔回信，刺史惊诧不已，似有不信，龚子彬只好拿出从云南带回的梅花作证。从此，人们在阁畔广植梅花，以纪念龚子彬其人其事，"飞霞楼"就更名为"红梅阁"了。

现在，红梅阁土台下右侧有一大片梅林，阁前及两侧植梅八株。尤其是红梅阁前的五株梅花，其中有四株树龄在五十年左右，枝劲干虬，宛如游龙。每年初春梅花盛开时节，阁周围宛如一片绛雪，绚丽清绝，香沁心脾，令人情动神摇，流连忘返。

6. 绿萝踏雪

【匾文】绿萝踏雪（笔者2023.10.12拍摄）。

【释意】绿萝庵里踏雪寻梅。

【款识】无款。

【规格】120厘米×70厘米×5厘米。

【材质】木匾。

【简析】绿萝踏雪亭位于江苏无锡古运河（京杭大运河的一段）西岸。"绿萝踏雪"出自明代龚勉绿萝庵里躲债的故事。据记载，明代无锡人龚勉少时聪慧，十七岁中秀才，但因家中贫困，负债很多。一年除夕，他外出避债，走到东门绿萝庵时，看到庵内盛开的梅花，便吟道"柴米油盐酱醋茶，件件都在别人家。今朝大年三十夜，绿萝庵里看梅花"。老尼姑听了，很同情他的处境，就留他在庵中住宿。后来，龚勉专心攻读，于隆庆二年（1568）中进士，官至浙江布政使，政绩卓著。

从此，"绿萝庵里看梅花"就成为无锡人传诵的一句有特殊意义的俗语。

7.梅镜传芳

【匾文】梅镜传芳（彭
伴水先生提供照片）。

【释意】梅开映镜，喜
结良缘。

【款识】无款。

【规格】不详。

【材质】木匾。

【简析】我国闽南梁氏宗族的大门口，经常看到一些"梅镜传
芳"的横匾堂号，此堂号缘于一段梅开映镜而成的梅镜缘佳话。

据南宋洪迈《夷坚志》记载，南宋绍兴二十八年（1158）九
月，广东潮州府揭阳县署东斋的梅花一夜盛开，满园芬芳。时任
县令陈彦光之女早起对镜晨妆时，蓦见玉镜中露出一枝白梅，回
首一看，原来是东斋梅花盛开了，于是便高兴地向父亲报喜。陈
县令看到九月梅花开，认为是祥瑞之兆，便于后花园设宴，邀请

亲朋好友及社会名流一起饮酒赏梅，泉州才俊梁克家也在受邀之列。当时，大多数士子都以此赋诗谄媚于县令，梁克家则意气风发地写下了《赋九月梅花》一诗："老菊残梧九月霜，谁将先暖入东堂。不因造物于人厚，肯放南枝特地香。九鼎燮调端有待，百花羞涩敢言芳。看来水玉浑相映，好取龙吟播乐章。"梁克家这首诗

寓情于景，意境不凡，很自然地抒发了他想要为国为民施展自己才能的抱负之心。陈县令见了此诗后，被梁克家的远大志向所震撼，深感此人他日必成大器，遂将女儿许配给梁克家为妻，结下秦晋之好。

1159年，梁克家回到泉州参加乡试，获得第一，1160年获得状元，后来官至右丞相，封仪国公。梁克家这段"赏梅赋诗得娇妻"的姻缘，也成为闽粤两地的民间美谈。

注：此堂号由福建泉州彭伴水先生2023年10月22日拍摄于福建泉州丰泽区泉秀街道灯星社区乌洲村。

8. 梅石园

【匾文】梅石园（笔者2014.7.6拍摄）。

【释意】珍藏梅石碑之园。

【款识】无款。

【规格】不详。

【材质】石匾。

【简析】梅石园，俗称梅花碑，坐落在浙江杭州市佑圣观路，始建于南宋，是宋高宗赵构退位后居住的德寿宫的一部分，后毁。现在的梅石园为1988年复建。建筑风格采取古典园林形式，设计精巧，布局雅致，以"梅石双清"碑为核心，配以观梅古社、双清亭、太液泉等。

9. 梦梅亭

【匾文】梦梅亭（笔者2023.4.14拍摄）。

【释意】醉梦梅仙之亭。

【款识】下款：庚午秋日，李明。

【规格】133厘米×45厘米×3厘米。

【材质】木匾。

【题匾人】李明，1971年生，安徽怀远人。现为中国国家画院研究员，中国书法家协会会员，安徽书法家协会理事等，"沈门七子"之一。

【简析】梦梅亭位于广东罗浮山。进入景区大门，拾级而上，继而往左，就是造型别致的梦梅亭。

"梦梅"，有一个非常神奇的仙缘故事。据唐代柳宗元《龙城录》等典籍记载，隋开皇年中，有一位官员名叫赵师雄，因看不惯朝野的腐败与暴政而辞官，隐居于罗浮山中。一日，天寒日暮时分，赵师雄醉憩于松林间酒肆旁，见一女子淡妆素服出迎，此时天已昏黑，残雪未消，月色微明。赵师雄与之语，但觉芳香袭人，且其语言极清丽。因此，他便与该女子叩开酒家门，一起举杯对饮，相谈甚欢。一会儿，有一绿衣童子过来表演歌舞，为他们助兴。后来，赵师雄与女子都喝醉了，渐渐进入梦乡。第二天赵师雄醒来，只见自己躺在一株大梅树下，树上还有鸟儿在不停地鸣唱。他回想起昨夜的情景，惆怅不已。

"师雄梦梅"的典故，在后人的诗文中多被引用。比如唐代诗人殷尧藩"好风吹醒罗浮梦，莫听空林翠羽声"，宋代文豪苏轼"罗浮山下梅花村，玉雪为骨冰为魂"，明代诗人高启"雪满山中高士卧，月明林下美人来"等。

笔者夫妇到此考察时，正值梅子成熟季节，梅树下嫩黄色的梅子点缀在绿色的草坪上，好不诱人。当时，笔者夫妇还拾起几颗品尝了一番呢！

注："沈门七子"，指沈鹏先生门下的七位书法家，王厚祥、刘京闻、龙开胜、周剑初、张志庆、李明、方建光。

10. 南雪

【匾文】南雪（笔者2014.8.8拍摄）。

【释意】南方飞雪之亭。

【款识】下款：周草窗云，昔潘庭坚约社员剧饮于南雪亭梅花下，传为美谭。今艮庵主人新辟怡园建一亭于中，种梅多处，亦颜此二字，意盖续南宋之佳会。而泉石竹树之胜，恐前或未逮也。辛丑三月，瓦翁补书。

【规格】不详。

【材质】木匾。

【题匾人】瓦翁（1908—2008），生于苏州，祖籍浙江萧山。

原名卫东晨，因在上海偶得一片上有"卫"字的汉瓦而更名"瓦翁"。著名书法篆刻家。生前系中国书法家协会会员，江苏省文史研究馆馆员，苏州书法家协会顾问等。

【简析】南雪，比喻怡园的梅花。亭名取自唐代杜甫《又雪》"南雪不到地，青崖沾未消"。杜甫是实写雪，这里是移花接木，以南雪比喻周围的梅花。剧饮，即豪饮，痛饮。艮庵主人，指怡园主人顾文彬（1811—1889），字蔚如，号艮庵。晚清诗人、词人、书画家、书画鉴藏家。逮，赶上，达到。

南雪亭位于江苏苏州怡园南部，四角单檐，后壁六角形窗外是一片梅林。花开时节，香雪一片，给人一种纯洁高尚的感觉。

注：南宋周密（号草窗）《齐东野语》卷四记载：潘牥，字庭坚，号紫岩，宋代福建福州人，端平二年（1235）进士。自幼聪慧，六七岁时，与他人和诗，就有"竹才生便直，梅到死犹香"（刘克庄《后村千家诗》）之佳句。潘牥为人洒脱不羁，曾约社友着白衣豪饮于南雪亭梅花下，且均脱去衣帽放声高歌；"酒酣客散，则衣

间各浓墨大书一诗于上矣。众皆不堪"。过了不久，社友又在瀑泉亭摆下酒宴，并行酒令说，谁能用喷涌的泉水灌顶，而能吟不绝口者，大家都敬拜他。潘妨酒后更不自控，竟裸立泉流之中且高歌《濯缨》之章。大家惊叹不已，皆罗列而拜。

11. 仙梅亭

【额文】仙梅亭（笔者2014.6.8拍摄）。

【释意】存放仙梅石之亭。

【款识】无款。

【规格】不详。

【材质】石额。

【简析】仙梅亭位于湖南岳阳楼景区。据传，明崇祯年间在此建岳阳楼时，有人在楼基附近掘出一块奇石，上面有梅一枝，自成纹理。人们认为是奇迹，便修建一座小亭，立石其中，命名仙梅堂。后来，由于战乱纷飞，灾害不断，仙梅堂倒塌，梅石丢失。清乾隆四十年（1775），知县熊懋奖重建岳阳楼时，遍访石块下落，后在民间灶下发现此石，遂将其置于亭中，改仙梅堂为仙梅亭。

仙梅亭为六边形，纯木结构，檐角高翘，玲珑雅致。亭中立仙梅石一通，上镌熊懋奖《仙梅亭记》及摹刻的"仙梅"图。

附：熊懋奖《仙梅亭记》

岳阳楼左有仙梅亭旧址。相传建楼时，掘土得一石，中有纹凸起，宛如画家写意：折枝古梅。守土者异之，筑亭覆其上，且以仙梅名其亭。岁久，石不知所在，亭亦倾圮。予承乏以来，遍为询访，无得是石者。然终不忍古迹就湮，爰捐资修葺，复其旧观。将蒇事，适

村民于灶觚下获之，持以献。石虽未完好，而疏影横斜，尚留其半。予因钩摹入石置亭中，以供好事者椎拓焉。

噫！仙梅仅片石耳，乃始而得，继而失，迟之又久而复出。虽剥蚀摧残，几颠倒于荒村蔀屋之中，而介节终存，孤芳犹在。岂石之显晦有时，不可强也；抑亦有仙灵呵护，不使其灭没无闻耶？自兹以往，倘有博物君子表其奇、志其异，如广平赋梅花，端明歌雪浪，则仙梅之名自当永传不朽矣！

乾隆四十一年孟夏，知巴陵县事丰城熊懋奖记并书。

注：圮（pǐ）：毁坏，倒塌。承乏：谦辞，表示所在职位因一时没有适当人选，只好暂由自己充任。蒇（chǎn）事：事情办理完成。蒇，完成，解决。灶觚（zào gū）：即灶突，灶上的烟囱。椎拓（zhuī tà），同“椎搨”，亦作“椎榻”，将纸覆于金石器物，铺毡捶击，以摹其形状和上面的文字、图像。蔀（bù）屋：草席盖顶之屋。泛指贫家幽暗简陋之屋。蔀，本意指搭棚用的席，引申为遮蔽。介节：刚直不随流俗的节操。强：勉强。广平：即唐代政治家、文学家宋璟（663—737），字广平。

五、地理环境类

1. 东湖梅园

【匾文】东湖梅园（笔者 2024.4.11 拍摄）。

【释意】武汉东湖磨山风景区南麓梅园。

【款识】下款：王杰。

【规格】320 厘米 × 120 厘米 × 6 厘米。

【材质】木匾。

【题匾人】王杰（1924—2012），山西安泽人。中共武汉市委原书记、市人民政府原常务副市长、原中共武汉市委顾问委员会主任。

【简析】湖北武汉东湖梅园创建于1956年，面积现已扩大到八百余亩，定植梅树二万余株。梅园位于武汉市东湖磨山风景区南麓，三面临水，回环错落，自成一体，周围有劲松、修竹掩映，自然成为"岁寒三友"景观，是我国著名赏梅胜地之一。

2. 灵峰探梅

【匾文】灵峰探梅（笔者2023.5.16拍摄）。

【释意】灵峰山寻访梅花。

【款识】下款：黄文中书。

【规格】156厘米×60厘米×4厘米。

【材质】木匾。

【题额人】黄文中（1890—1946），甘肃临洮人。政治家、诗人、书法家、楹联家。1931年后避居杭州，为西湖景观题写了多副名联。

【简析】灵峰探梅位于浙江杭州植物园灵峰山下青芝坞。后晋开运年间建有灵峰寺，后毁。清道光年间，镇守杭州的副都统固庆在此重修灵峰寺，并环植梅花百余株。宣统年间，湖州南浔名士、实业家周庆云在此建补梅庵，并补栽梅花三百余株。此处遂成赏梅佳地，故名"灵峰探梅"。

现在，这里峰环水绕，丛林葱郁，楼阁参差，碧草如茵，梅林似海，暗香浮动，文化氛围浓郁，环境十分优雅。灵峰探梅与西湖孤山、西溪并称为杭州三大赏梅胜地。

3. 龙山梅园

【额文】龙山梅园（丁国田先生提供照片）。

【释意】龙门崮脚下梅园。

【款识】下款：庚子梅月，庆德。

【规格】80厘米×30厘米×4厘米。

【材质】木额。

【题额人】王庆德，1946年生，山东青州人。曾任山东临朐县县长、县委书记，潍坊市委统战部部长、政协副主席等。擅正、行书，尤擅榜书。

【简析】龙山梅园坐落在山东临朐风景秀丽的龙门崮脚下。此山位于沂山北麓，冶源水库上游，有龙洞数十个，龙王庙一座。每逢干旱季节，方圆数里百姓便上山祈福求雨，且屡屡灵验，龙山梅园也由此而得名。

龙山梅园始建于2008年，由丁国田、王桂娟夫妇所建。其占地二十亩，主要以梅桩盆景为主，以造型苍劲古朴而著称，采用岭南派的蓄枝截干法与古画理论相结合。梅园以经营为主，梅桩畅销全国各地，在业界享有良好声誉。近几年，梅园也涉足科普研学等课题，力争经济效益与社会效益"双赢"。

4. 笼月楼

【匾文】笼月楼（笔者

2023.5.16拍摄）。

【释意】月光笼罩梅花

之楼。

【款识】下款：王水法。

【规格】120厘米×40厘米×3厘米。

【材质】木匾。

【题匾人】王水法，1954年生，浙江淳安人。现为西泠印社社员，浙江省书法家协会会员，兰亭书法社副社长兼秘书长，杭州市诗词楹联学会顾问等。

【简析】笼月楼位于浙江杭州灵峰探梅景区一大樟树下的梅花丛中，二层仿古建筑，悬山顶木结构，造型新颖别致。清风明月之夜，如邀三五好友知己，在此观赏梅花印月、月笼梅花的美景，可称人生一大乐事！

5. 萝岗香雪

【匾文】萝岗香雪（笔者2023.4.12拍摄）。

【释意】梅花色洁香浓之坊。

【款识】下款：苏华题。

【规格】不详。

【材质】石匾。

【题匾人】苏华，1943年生，广东新会人。书画家。曾任广东省书法家协会副主席，广州市美术家协会副主席。现任广东省书法家协会顾问，广州画院画家，苏家美术馆名誉馆长，国家一级美术师，国务院特殊贡献津贴专家。

【简析】此坊位于广东广州市黄埔区萝岗街道荔红二路。"萝岗香雪"源于萝岗悠久的种青梅的历史。萝岗种梅始于宋代，因独特

的自然条件，这里的梅花常梅开二度。每当年末岁初，梅花盛开，繁花如雪，"萝岗香雪"由此而来。

6. 萝岗香雪公园

【匾文】萝岗香雪公园（作者2023.4.12拍摄）。

【释意】梅花如雪、甜香醉人之公园。

【款识】下款：一九九九年秋月，卢苏书。

萝岗香雪公园

【规格】不详。

【材质】石匾。

【题匾人】卢苏（1936—2006），广州番禺人。曾任广东省书法家协会理事，广州市书法家协会副主席。

【简析】萝岗香雪公园位于广东广州市黄埔区萝岗街道，1999年6月始建。其占地八十公顷，植梅五千余株，修剪精细，管理得体。梅开时节，银装素裹，花瓣随风飘落，犹如瑞雪翻飞，沁人心脾的花香扑鼻而来，更是令人陶醉不已。

7. 梅村雅集

【匾文】梅村雅集（朱志奇先生提供照片）。

【释意】文人雅士聚集之地。

【款识】下款：壬辰初冬，家兴。

【规格】120厘米×45厘米×4厘米。

【材质】木匾。

【题匾人】赵家兴，1960年生，山东莱州人。中国书法家协会会员，烟台市书协理事，莱州市书法院院长，莱州市书协副主席。

【简析】"梅村雅集"位于山东莱州梅园，是莱州梅园用来供文人雅士进行文艺创作的场所。每年来自全国各地的文人雅士在此会聚一堂，进行琴棋书画等各种艺术交流活动。

8. 梅观

【匾文】梅观（笔者2019.5.15拍摄）。

【释意】观赏梅花之亭台。

【款识】下款：程□。

【规格】不详。

【材质】木匾。

【题匾人】不详。

【简析】梅观亭位于江苏扬州史可法纪念馆，半亭，依墙而建。梅前有池塘一方，池塘之北为梅花岭。岭上梅花枝干虬劲，芳香馥

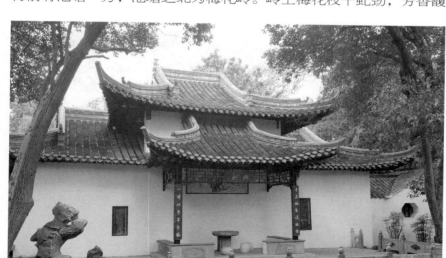

郁。端坐亭内，漫步池边，"千朵梅花满池水，一弯明月半亭风"的诗情画意顿时涌出，令人陶醉其间，乐而忘返。

注："观"，此处读 guàn。指官门前的双阙，亦泛指楼台、道教的庙宇等建筑物。

9. 梅花岭

【匾文】梅花岭（笔者2011.8.2拍摄）。

【释意】遍植梅花之岭。

【款识】无款。

【规格】不详。

【材质】石匾。

【简析】梅花岭位于江苏扬州史可法纪念馆内。明万历二十年（1592），扬州知府吴秀开浚城壕，将掘出的淤泥在此空地上堆

成了一座土岭，并在上面植梅数百株，故名梅花岭。每年早春，梅花凌寒独放，清香四溢，明末抗清将领史可法就葬于此。后人拜谒史公时，多引此典作诗撰联，以示缅怀。比如，"留得忠魂埋此土，岭梅万古亦馨香""岭上梅花何处落，寒香终护相公坟"等。

10. 梅花书院

【匾文】梅花书院（笔者2023.10.13拍摄）。

【释意】梅花岭畔之书院。

【款识】上款：同治五年仲春。下款：吴让之书。

【规格】200厘米×50厘米。

【材质】石匾。

【题匾人】吴熙载（1799—1870），原名廷扬，字熙载，后以字行，改字让之，江苏仪征人。清代篆刻家、书画家，尤精篆刻。

【简析】梅花书院位于江苏扬州广陵路248号。初建于广储门外，又建于梅花岭，后迁址广陵路。梅花书院自建立以来，为古代扬州培养了大批人才。现在，梅花书院分为东西两部分，东部为广陵小学，西部为中国扬州书院博物馆，由书院碑廊、史料展厅、书院讲堂、状元厅、祭祀厅等组成，江苏省省级文物保护单位。

11. 梅花仙馆

【匾文】梅花仙馆（笔者2014.10.15拍摄）。

【释意】梅花相伴读书楼。

【款识】上款：戊辰年秋。下款：章节书。

【规格】不详。

【材质】木匾。

【题匾人】张杰，笔名章节，1933年生，

江苏宝应人。主要从事教育、文化、出版事业。曾任江苏美术出版社副总编辑，中国书法家协会理事，江苏省楹联研究会副会长等。

【简析】梅花仙馆又称读书楼，位于江苏扬州史可法纪念馆内，二层建筑，是当年扬州"梅花书院"遗址。现在此处主要开展一些有特色的书画展览活动。

12.梅林春晓

【匾文】梅林春晓（笔者2014.8.2拍摄）。

【释意】梅开春意早。

【款识】下款：范曾。

【规格】不详。

【材质】木匾。

【题匾人】范曾，1938年生，江苏南通人。中国当代著名学者、书画家、诗人。

【简析】梅林春晓位于江苏南通黄（泥山）马（鞍山）园艺博览园内，建于20世纪80年代，是一处亭阁相连的建筑。临长江而立，依山势而建，院内曲径回栏，设餐厅、茶室。在此品茗、饮酒、观江听涛，别有一番诗情画意。

"梅林春晓"源于张謇在此植梅。张謇一生爱梅，民国初年，他在黄泥山西的镶山一带种植大量的梅花，并在此建造"梅垞"等。近年来，为了丰富黄马山（黄泥山与马鞍山挨着，合称黄马山）景区的旅游资源，狼山风景区管理处在黄马山种植了大量的梅花，"梅林春晓"已逐渐成为一片江上的"香雪海"。

笔者于2014年8月到此考察时，此门未开，门前存放一堆建筑材料。西邻"天下望江第一楼"（梅林春晓之一部）正在营业中。

注：张謇（1853—1926），江苏南通人。光绪二十年（1894）状元，近代实业家、政治家、教育家、社会活动家、书法家。

13.梅岭春深

【匾文】梅岭春深（笔者2023.10.13拍摄）。

【释意】梅香四溢、春意浓郁之岭。

【款识】下款：刘溎年。

【规格】120厘米×35厘米。

【材质】石匾。

【题匾人】刘溎年（1821—1891），河北大城人。咸丰十年（1860）进士，曾在广东惠州、潮州、广州任知府，罢官后卜居扬州。

【简析】梅岭春深即长春岭，又叫小金山，位于江苏扬州瘦西湖。此地四面环水，山上广植各种花木，其中以梅树为多（前面植

梅两株，另外三面植梅花、蜡梅数株）。每当梅蕾竞放，幽香四溢，便引得游人纷纷来此踏雪寻梅，故称"梅岭春深"，为清代瘦西湖"二十四景之一"。

14. 梅坞春浓

【匾文】梅坞春浓（笔者2023.10.10拍摄）。

【释意】淀山湖畔，春意盎然。

【款识】无款。

【规格】200厘米×40厘米×4厘米。

【题匾人】不详。

【简析】梅坞春浓又称淀山湖梅园，坐落在上海市青浦区淀山湖风景区内，与武汉东湖磨山梅园、南京梅花山梅园、江苏无锡梅园并称为"中国四大梅园"。其始建于1979年，占地近二百亩，植梅二千多株，是上海最大的赏梅胜地。

笔者于2023年10月到此考察时，梅园正在整体提升改造，暂停营业。

15. 梅园

【匾文】梅园（笔者2023.10.14拍摄）。

【释意】纪念梅兰芳先生之园。

【款识】下款：赵朴初。

【规格】200厘米×80厘米×5厘米。

【材质】木匾。

【题匾人】赵朴初（1907—2000），佛教学者，现代社会活动家。曾担任中日友好协会副会长，中国红十字会副会长、名誉会长，中国人民争取和平与裁军协会副会长，中国书法家协会副主席等。

【简析】梅园坐落于江苏泰州，建于20世纪80年代，由原来的梅兰芳史料陈列馆与梅兰芳公园合并而成，是一座以明清建筑为主的小型园林。梅园三面环水，一面临街，地势高敞，环境优美。泰州选择这里建造"梅园"，体现了家乡人民对梅兰芳先生的崇敬与爱戴。

16. 斯舜梅园

【匾文】斯舜梅园（斯舜厚先生提供照片）。

【释意】舜帝子民之梅园。

【款识】下款：刘江题。

【规格】不详。

【材质】木匾。

【题匾人】刘江（1926—2024），四川万县人。中国美术学院教授，中国书法家协会常务理事，中国印学博物馆馆长，西泠印社执行社长、名誉社长等。

【简析】斯舜梅园位于浙江诸暨东白湖镇斯宅村，1983年由书法家斯舜厚先生建造。斯，这，这里的意思。舜，舜帝。用斯舜厚先生的话说："斯舜梅园，是说这里是舜帝子孙的梅园，不是哪个人的梅园，故不收门票，免费开放。"

17. 松雪竹风梅月之庐

【匾文】松雪竹风梅月之庐（引自张廷济研究会《眉寿不朽：张廷济金石书法作品集》）。

【释意】松间积雪、竹影摇曳、疏梅映月之小屋。

【款识】下款：道光十八年戊戌十二月廿日，为籀庄徐外甥明经书。

【规格】18厘米×15厘米。

【材质】镜心。

【题匾人】张廷济（1768—1848），原名汝林，字顺安，号叔未，别署梅寿老人，浙江嘉兴人。金石学家，书法家。

【简析】张廷济在世时，其外甥徐同柏几乎形影不离，并时常

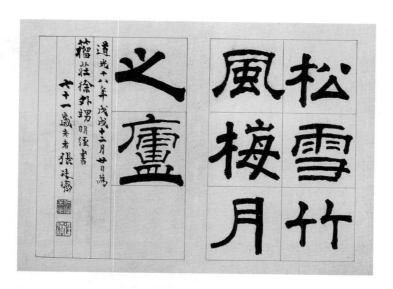

居住在张廷济之清仪阁。张廷济所用印多出其手，得古器，必与之考证。可以说，徐同柏就是张廷济金石学研究的助手和传承人。张廷济亲笔为其题"松雪竹风梅月之庐"斋额，可以看作是张廷济对外甥的一种鼓励与奖掖。

注：徐外甥，指徐同柏（1775—1854），字寿臧，号籀庄，浙江嘉兴人。贡生，室名讽籀书窠、松雪竹风梅月之庐。承舅父张廷济指授，精研六书篆籀，工篆刻，能诗。

明经，明清对贡生的尊称。地方政府如县、州、府乃至省向朝廷推举的，经过学政选拔，成绩特别优秀的生员会成为国子监的学生，称贡生。

18. 西溪梅墅

【匾文】西溪梅墅（笔者2010.2.22拍摄）。

【释意】遍植梅花小村落。

【款识】下款：乙酉新春，□□题。

【规格】不详。

【材质】木匾。

【题匾人】不详。

【简析】西溪梅墅位于浙江杭州西溪湿地公园，与毗邻的梅竹山庄、西溪草堂等共同构成梅竹休闲区。西溪梅墅原是梅农的小村落，早在明代，这里就是西溪著名的"曲水八景"之一。

现在的西溪梅墅是一组田园风格的建筑，木板面，土坯墙，简朴自然，充满乡居气息。其周边梅花成林，浑然朴野，是西溪的主要赏梅区之一。

19. 中国梅花博物馆

【匾文】中国梅花博物馆（作者2023.10.12拍摄）。

【释意】梅花科普与梅文化馆。

【款识】下款：庚辰冬月，陈俊愉书。

【规格】200厘米×45厘米×5厘米。

【材质】木匾。

【题匾人】陈俊愉（1917—2012），祖籍安徽安庆，出生于天津。园林及花卉专家，中国工程院院士，北京林业大学园林学院教授、博士生导师，中国花卉协会梅花蜡梅分会会长，国际梅品种登录权威。

【简析】中国梅花博物馆位于江苏无锡梅园内。该馆主要利用多种形式，让游客在游览过程中既能形象地了解梅花栽培管理技艺，又能受到博大精深的梅文化的熏陶。

六、缅怀纪念类

1.宝梅亭

【匾文】宝梅亭（作者2023.5.17拍摄）。

【释意】珍藏梅花碑刻之亭。

【款识】下款：稚柳。

【规格】150厘米×40厘米×4厘米。

【材质】木匾。

【题匾人】谢稚柳（1910—1997），原名稚，字稚柳，江苏常州人。中国近代著名的书画家，工书法，精鉴赏。历任中国美术家协会理事，上海市美术家协会主席，中国书法家协会理事等。

【简析】宝梅亭位于浙江嘉兴南湖湖心岛烟雨楼北侧，建于光绪元年（1875），因亭内陈列清末名将彭玉麟梅花图碑刻，故名。

据《嘉兴府志》记载，光绪元年三月，彭玉麟到南湖游玩时，应知府许瑶光之请，绘下了一横一竖两幅梅花图。为表达对彭玉麟的崇敬，许瑶光约请嘉兴秀才钟沈林将两幅梅花图镌刻上石，镶嵌在特意修筑的宝梅亭内，以示永久珍存。亭内还保存元代画家吴镇的《风竹图》石刻。

该亭是一座东进西出的连廊式楼阁，门洞一为葫芦形，一为花瓶形，寓意走过的人即享福禄平安。楼下是明代书画家董其昌题写的"鱼乐国"。泉声，鱼乐，垂柳，翠竹，在此眺望南湖，不失为一种美的享受。

2. 观梅古社

【匾文】观梅古社（笔者 2014.7.6 拍摄）。

【释意】纪念"梅神"林逋之祠堂。

【款识】上款：己巳春日。下款：□□□题。

【规格】不详。

【材质】木匾。

【题匾人】不详。

【简析】简析：观梅古社位于浙江杭州梅石园内，半亭式建筑，依墙而筑，三面开敞，一面临墙。据记载，此处原为南宋德寿宫旧址，宫中有苔梅一株，芙蓉石一块，后由明末画家蓝瑛（画石）、孙杕（画梅）将梅石画在一块石碑上，这就是历史上著名的梅石碑。乾隆帝六次南巡，第一次和第四次都到观梅古社鉴赏这块梅石碑。后浙杭地方官吏出于逢迎，将梅石碑与芙蓉石用船送到北京，另摹"梅石双清"碑一方留在杭州。

　　笔者当时到此处考察时，观梅古社内陈列的是"梅石双清"碑（拓片），前面用几个螺丝固定一块玻璃保护此图（保护措施比较简陋）。

　　注：观梅古社，又称观梅社。据载，明永乐年间，杭州署理木税的南关工部分司迁至此。分司仪门外东面有一土地祠，拜林逋为土地神，题"观梅古社"。这里陈列的是古梅奇石（拓片），却用此匾名，不知是否与林逋"妻梅子鹤"被奉为"梅神"有关？

3. 鹤声梅影

【匾文】鹤声梅影（笔者2011.7.31拍摄）。

【释意】太仓历史名人展厅。

【款识】下款：辛卯孟春，郑逸之。

【规格】不详。

【材质】木匾。

【题匾人】郑健雄，字逸之，1959年出生。中国书法家协会会员，太仓书法家协会副主席，太仓书画院副院长，娄东印社副社长。擅长草书、篆刻。

【简析】鹤是吉祥、长寿、忠贞的象征，梅是坚韧、顽强、高洁的化身。"鹤声梅影"是朱屺瞻故居——梅花草堂的五个厅堂之一，主要展览太仓历史名人王世贞、王时敏、仇英、吴伟业、毛澄等人的艺术成就。

4.金梅花室

【匾文】金梅花室（引自朱亚夫《名家斋号趣谈》）。

【释意】珍藏名家梅花作品之室。

【款识】下款：白蕉。

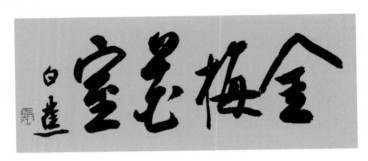

【规格】不详。

【材质】镜心。

【题匾人】白蕉（1907—1969），上海金山区张堰镇人。曾为上海美术家协会会员，中国书法篆刻研究会会员，上海中国画院画师等。

【简析】金梅花室，郭若愚先生书斋号。郭若愚（1921—2012），上海新会人。著名文博专家，古文字学者。郭若愚先生爱梅也画梅，十分景仰梅花笑傲冰雪、高洁绝俗的品格。20世纪50年代，他在上海古玩市场觅得一幅明末清初金俊明的《墨梅图》，十分喜欢，遂将自己的书斋命名为"金梅花室"。

5.冷香塔院

【匾文】冷香塔院（笔者2012.4.29拍摄）。

【释意】释敬安瘗骨之地。

【款识】下款：清道人书。

【规格】不详。

【材质】石匾。

【题匾人】李瑞清（1867—1920），字仲麟，号梅庵、梅痴、阿梅，辛亥革命后自号清道人等，江西临川人。中国现代高等师范教育的开拓者，中国现代美术教育的先驱。

【简析】冷香塔院位于浙江宁波天童寺外山腰之上，释敬安禅师圆寂后葬于此。因环植梅花，含"爱梅之寒而不畏，冷而沁香"之意，故名"冷香塔院"。1910年建，后被毁，1991年复建。

注：释敬安禅师（1851—1912），俗名黄读山，法名敬安，法号寄禅，湖南湘潭人。爱国诗僧。曾任天童寺方丈，中华佛教总会首任会长。著有《嚼梅吟》《八指头陀诗集》《白梅诗》等。

6. 梅庵

【匾文】梅庵（笔者2023.4.12拍摄）。

【释意】栽植梅花之寺院。

【款识】无款。

【规格】128厘米 × 48
厘米。

【材质】花岗岩。

【简析】梅庵位于广
东肇庆市西郊，始建于宋至道二年（996），有"千年古刹，国之瑰宝"之美誉，全国重点文物保护单位。

据载，唐朝佛教禅宗六祖慧能喜梅，他归乡客居端州（肇庆古称）期间，曾在此山岗插梅为记。后来智远和尚为纪念先师，便在此处建庵，取名梅庵，以示不忘。

注：此"梅庵"为大门匾额，梅庵内另一门楣上也有一"梅庵"匾额，从笔迹看，与大门匾额系同一人书，上款"道光辛丑季冬"，下款"南海李□书"。题匾人名字难以辨认。

7. 梅庵

【匾文】梅庵（笔者2014.10.12拍摄）。

【释意】纪念李瑞清先生之茅屋。

【款识】下款：柳诒徵，民国卅六年六月九日。

【规格】不详。

【材质】木匾。

【题匾人】柳诒徵（1880—1956），江苏镇江人。文学家，史学家，教育家，书法家，版本学家，文献学家，目录学家，上海市文物保管委员会委员等。李瑞清在担任两江优级师范学堂监督期间，曾数次邀请柳诒徵先生到学校讲演。

【简析】梅庵位于江苏南京东南大学西北角六朝松旁，为纪念李瑞清先生而建。李瑞清先生在任两江优级师范学堂监督期间（1905—1911），以"视教育若生命，学校若家庭，学生为子弟"为办学宗旨，全力以赴，始终不渝。

1915年，南京高等师范学校在两江优级师范学堂旧址成立。1916年，校长江谦为纪念李瑞清先生主持两江优级师范学堂的功绩，在校园用带皮松木建造三间茅屋，取名"梅庵"，门前有李瑞清先生所写"嚼得菜根，做得大事"八字校训。1933年，茅屋改为砖混结构。

8. 梅花庵

【匾文】梅花庵（笔者2010.2.24拍摄）。

【释意】遍植梅花之草舍。

【款识】下款：董其昌。

【规格】不详。

【材质】砖匾。

【题匾人】董其昌（1555—1636），松江华亭（今上海松江区）人。明代官吏，著名书画家。

【简析】梅花庵位于浙江嘉善县魏塘镇花园路178号，梅花庵内有吴镇墓、梅花

亭、梅花泉、八竹碑廊等。据记载，梅花庵最早为明万历十六年（1588）道士徐氏为守吴镇墓而建，后多有修缮，最近一次修建于1990年。现在的梅花庵，寒梅傲雪，青竹含翠，一派生机盎然。

注：吴镇（1280—1354），元代著名书画家。性爱梅，所居之处遍植梅花，因之号梅花道人、梅沙弥，取斋名梅花庵，又自题墓碑"梅花和尚之塔"等。

9. 梅影书屋

【匾文】梅影书屋（引自上海油画雕塑院《吴湖帆文献》）。

【释意】珍藏梅花珍品之居。

【款识】下款：湖帆词兄正，吴梅。

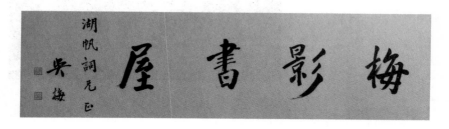

【材质】镜心。

【题匾人】吴梅（1884—1939），江苏长洲（今苏州）人。中国现代戏曲理论家，教育家，诗词曲作家。

【简析】梅影书屋为吴湖帆斋名。吴湖帆（1894—1968），江苏苏州人。现代绘画大师，书画鉴定家。吴湖帆一生用过二十多个斋名，而他最主要的斋名就是梅影书屋。据载，1915年吴湖帆结婚时，其夫人潘静淑的陪嫁中，有一件梅花题材的藏品——宋代汤叔雅的《梅花双鹊图》。1921年潘静淑三十岁生日时，其父潘祖年又送给她一件生日礼物——宋刻印版《梅花喜神谱》。吴湖帆如获至宝，遂颜其居曰"梅景（通假字，即'影'）书屋"。

吴湖帆在苏州居住时，与曲学大师吴梅相距很近，且关系亲密。吴湖帆夫人潘静淑曾师从吴梅学词，吴湖帆也向其请教，先后编辑出版《连珠集》《梅景书屋词集》等。吴梅先生所题"梅影书屋"当于此时题写。1924年，为避家乡战乱，吴湖帆举家迁住上海法租界葛罗路（今嵩山路）88号定居，仍颜其居为"梅景书屋"。

笔者于2010年2月19日到此考察时，嵩山路88号梅景书屋正被一幢星级酒店（建设中）所替代。

10.梅兰芳纪念亭

【匾文】梅兰芳纪念亭（笔者2023.10.12拍摄）。

【释意】纪念梅兰芳先生之亭。

【款识】下款：朴初。

【规格】100厘米×45厘米×4厘米。

【材质】木匾。

【题匾人】赵朴初（1907—2000），佛教学者，现代社会活动家。曾担任中日友好协会副会长，中国红十字会副会长、名誉会长，中国人民争取和平与裁军协会副会长，中国书法家协会副主席等。

【简析】梅兰芳纪念亭位于江苏南京玄武湖翠洲"梅苑春深"景区。纪念亭为五角木亭，两柱之间皆有雕花梅花挂落，藻顶也雕刻成五瓣梅花形状，非常精美。亭左侧两段诗墙，分别是郭沫若《卜算子·咏梅》词和赵朴初《调寄踏莎行》词。亭前有廊，亭左、亭后有竹数<u>丛</u>，但周围无梅。

11. 梅兰芳纪念亭

【匾文】梅兰芳纪念亭（笔者2023.10.14拍摄）。

【释意】纪念梅兰芳先生之亭。

【款识】下款：朴初。

【规格】120厘米×40厘米×4厘米。

【材质】木匾。

【题匾人】赵朴初（见第208页10.梅兰芳纪念亭【题匾人】简介）。

【简析】梅兰芳纪念亭位于江苏泰州梅兰芳纪念馆内，建于1984年梅兰芳先生诞辰九十周年之际，由著名古典园林设计专家陈从周先生设计。该亭屋顶犹如梅花的五个花瓣，亭尖也是含苞待放的梅花花蕾。亭内悬梅花灯，浮雕梅兰芳经典代表剧目。整个亭子，从平面到亭子的柱础、柱、梁、枋、藻井、瓦件，都用梅花形式，俨然一个五彩缤纷的梅花花篮。亭前卵石铺路上亦雕刻梅、兰，周围栽植蜡梅二十余株、梅花五十余株。早春时节，这里梅花绽放，蜡梅飘香，好像置身于一个梅花的世界，吸引着众多游客驻足观赏，流连忘返。

12. 梅亭

【匾文】梅亭（笔者2023.5.15拍摄）。

【释意】纪念古梅之亭。

【款识】无款。

【规格】120厘米×45厘米×3厘米。

【题匾人】郭沫若（1892—1978），四川乐山人。现代作家，历史学家，考古学家。曾任政务院副总理，中国科学院院长，中国科学技术大学校长等。

【简析】梅亭位于浙江天台山国清寺大雄宝殿左侧院内。亭前有古梅一株，传为隋代寺院初建时章安大师手植，迄今已有一千四百

多年，是国内最古老的梅树之一。20世纪60—70年代，隋梅濒临枯死。但古寺全面整修后，古梅枯木逢春，花满枝头，果实累累，实为一大奇观。古梅旁有陈钟祺、赖少其等所书"隋梅"及跋语。梅亭左前、右后植朱砂、宫粉梅等十余株，树龄约在10年至40年不等，均长势良好。

笔者到此考察时，梅亭匾额上的一层网状物已卷曲、破损、脱落，六根亭柱上的红漆也大量脱落，亟待维修。

注："梅亭"为1964年郭沫若参观国清寺时所题。

13. 宋梅亭

【匾文】宋梅亭（笔者2010.2.21拍摄）。

【释意】纪念宋代古梅之亭。

【款识】下款：余任天。

【规格】140厘米×45厘米×2厘米。

【材质】木匾。

【题匾人】余任天（1908—1984），浙江诸暨人。生前为西泠印社社员，中国书法家协会会员，杭州市美术家协会副主席，浙江省文史馆馆员等。

【简析】宋梅亭位于浙江杭州超山风景区。据载，南宋晚期，福王赵与芮曾在杭州余杭塘栖建造庄园离宫。南宋灭亡后，庄园离宫破败。花园的遗存花木中曾有数株古梅，清代时被人移到超山，植于现在大明堂前的梅林之中。后来，仅有一株存活下来。民国十二年（1923）正月，湖州南浔实业家周庆云到超山探梅时，考证出此梅是宋代福王藩苑的遗物，随后由他及好友汪惕予、王绶珊等共同出资，在古梅旁建造宋梅亭，以志永久纪念。

这是一座飞檐翘角的石亭，由四根石柱支撑，柱上刻有七副对联。亭畔"宋梅"，虽枝裂干空，但仍虬枝苍劲，花繁叶茂，香气逼人。亭后有百年蜡梅一丛，周围各色梅花数株。游客至此，坐在亭内石凳上，迎着带有微微香气的春风，望着满眼的花海，确是一种美的享受。

14. 玉梅花盦

【匾文】玉梅花盦（引自斯舜威《名家题斋》）。

【释意】纪念玉仙、梅仙、梅贞之茅屋。

【款识】下款，道士清。

【规格】不详。

【材质】镜心。

玉梅花盦　道士清

【题匾人】李瑞清（1867—1920），字仲麟，号梅庵、梅痴、阿梅，辛亥革命后自号清道人等，江西临川人。中国现代高等师范教育的开拓者，中国现代美术教育的先驱。

【简析】玉梅花盦是李瑞清为怀念余氏三姐妹而命名。李瑞清祖籍江西，但成长、读书皆在湖南（其父李必昌曾任湖南武陵知县）。因李瑞清人品学问俱佳，深得其父好友余祚馨（曾任常德朗江书院主讲）赏识，便将长女玉仙许配给他，但聘而未嫁突然死亡。余祚馨又将次女（排行第六）梅仙妻之，婚后两年，梅仙因难产而亡。余公又将小女梅贞（排行第七）妻之，不久，梅贞亦亡。李瑞清连遭不幸，发誓今生再不婚娶，并将自己的居室命名为"玉梅花盦"（取余氏三姐妹名字），以志纪念。1912年6月12日《神州日报》（1907年4月2日在上海创办）曾有"李梅庵，新靶子路横滨桥北首路西玉梅花庵李寓"的记载。

当然，玉梅花盦也不仅仅是李瑞清为了表达对余氏姐妹的思念之情。李瑞清本人也特别喜欢梅花，他常常请人为自己写梅画梅，如他在《索何铁根画美人笺》云："君固豪士，乃善画美人……献上生绡一幅，为我写万梅花下一淡妆女郎。"他还请陈师曾画白梅，并请释敬安题诗（三首）其上，歌咏白梅的高洁品格，诗画也见证了他们之间的深厚友谊和共同的审美情趣。李瑞清自己也画梅、咏梅，如在一幅《梅石图》上题诗"新枝殊烂漫，老干任屈蟠。一幅钟鼎篆，勿作画图看"；在1919年所画的《古梅图》上题"世之画梅者多称扬补之王元章，余于前贤画派了不知，酒后戏以钟鼎笔法写此古梅一株，观者当于武梁祠中求之耳"，格调高古，独树一帜。

1920年，李瑞清在上海病逝，他的挚友、书法家曾熙和两江师范学堂学生胡小石共理丧事，将李瑞清安葬于南京南郊牛首山雪梅岭罗汉泉旁，并植梅三百株，筑室数间，取名"玉梅花盦"。

笔者于2011年8月1日到此考察时，李瑞清墓周围杂草丛生，无路可走，梅花和玉梅花盦已无迹可寻，墓前只有李瑞清墓碑立于一片荆棘丛中。

七、褒扬祝贺类

1.梅贞桃实

【匾文】梅贞桃实（引自2015.1.16《泉州晚报》之《许超颖：蓬荜生辉话匾额》文章）。

【释意】寒梅坚贞，桃结嘉实。

【款识】上款：钦命国子监祭酒提督福建全省学政加十级记录十二次吴保泰为。下款：林母陈孺人六旬华诞荣庆咸丰十年岁次庚申孟春穀旦立。

【规格】不详。

【材质】木匾。

【题匾人】吴保泰（生卒年不详），字南池，号和庵，河南光州人。道光二十年（1840）进士，授翰林院编修，累官国子监祭酒（从三品）。曾任广东、福建、浙江学政，升詹事府詹事（主要从事皇子或皇帝的内务服务，正三品）等。

【简析】梅，象征隐逸淡泊、坚贞自守的品格，给人以立志奋发的激励；贞，忠于自己所信守的原则，坚定不变。桃，寓意着长寿，常被用来代表长寿与健康；实，指果实，桃子。国子监，为清代最高学府，兼有教育行政机构的职能。国子监祭酒，即主管国子监的教育行政长官，从三品。提督福建全省学政，主管福建省学务及考试秀才和童生的教育行政长官。提督学政在翰林官员及进士出身的部院官员中选派，三年一任。国子监祭酒提督福建全省学政加十级记录十二次，即该官员是国子监祭酒，同时也提督福建全省，负责教育和文化事务，其职位等级加了十级；同时还有记录他的行政和纪律方面的工作记录，总共有十二次。孺人，古代称大夫的妻子为孺人，明清时期七品官的母亲或妻子封孺人，也通用为妇人的尊称。这里应是对妇人的尊称。穀旦，意思是晴朗美好的日子，旧时常用为吉日的代称。

此匾应是时任国子监祭酒提督福建全省学政的吴保泰，为林姓官员的母亲陈氏六十岁生日所制"梅贞桃实"匾额，以示祝贺。

2. 盛世盐梅

【匾文】盛世盐梅（笔者2023.9.12日拍摄于重庆市巴渝名匾文化艺术博物馆）。

【释意】兴盛时代之贤才。

【款识】上款：庚申科举人即补县□御。下款：嘉庆四年岁次辛酉黄公。

【规格】180厘米×40厘米×4厘米。

【材质】木匾。

【题匾人】不详。

【简析】盛世，安定兴盛的时代。盐梅，指盐与梅子。盐咸梅酸，均为调味所需，这里喻指国家所需要的贤才。典出《尚书·商书·说命下》"若作和羹，尔惟盐梅"，这是殷高宗命傅说为相的言辞，即"倘若我要做羹汤，你就是那盐和梅"，说傅说是国家极需要的人才。后常用"盐梅"比喻能够担负治理国家重任的人。

注：上款"庚申"即清嘉庆五年（1800）。"即补"，指暂时还没有位置，等到官有缺位，即可补充。"县□"，应是县衙一级的某官职。下款"嘉庆四年岁次辛酉黄公"，即题匾人"黄公"在嘉庆四年（1799）题匾赞美嘉庆五年（1800）举人成为"即补县□"。若如现在匾额上、下款所言，1799年为1800年的中举之人题匾是讲不通的。从匾额残缺情况看，很可能是因为这几处文字缺失，后人在修补完善时理解有误所致。

附录：雪山梅园匾额

1. 雪山梅园

【匾文】雪山梅园。

【释意】雪山南麓梅园。

【款识】下款：龙岩。

【规格】250厘米×62厘米×3厘米。

【材质】木匾。

【题匾人】龙岩，1959年生，山东荣成人。中国书法家协会会员，山东省书法家协会副主席，临沂市书法家协会主席，临沂市文联原党组书记、主席等。

2. 雪山梅园

【匾文】雪山梅园。

【款识】下款：陈俊愉书。

【规格】84厘米×25厘米×1厘米。

【材质】砖匾。

【题匾人】陈俊愉（1917—2012），祖籍安徽安庆，出生于天津。园林及花卉专家，中国工程院院士，北京林业大学园林学院教授、博士生导师，中国花卉协会梅花蜡梅分会会长，国际梅品种登录权威。

【简析】雪山梅园坐落在山东沂水县风景秀丽的雪山南麓，始建于2000年3月，占地面积50余亩。

雪山，不是因冬天有雪而名。清代沂水籍诗人赵维新《登雪山》诗中有"云连泰岱朝烟聚，气接沧溟宿雾开"句，用云气、朝烟、宿雾等描写雪山的气势与景物。赵维新在该诗小注中又解释说，雪山"山巅远望如雪"，故名。

雪山梅园以梅为主，松、竹、石为辅，以梅文化建设为核心，以梅文化石刻艺术为特色。其主体建筑风格为黛瓦、白墙、棕柱，素洁淡雅、古朴清丽，素有"江北留园"之美誉。

2001年8月，"百梅图"石刻被上海大世界基尼斯总部确认为"大世界基尼斯之最"。

2004年4月，经中国花卉协会梅花蜡梅分会批准，"中国梅文化石刻艺术研究中心"在雪山梅园成立。中国工程院资深院士、中国花卉协会梅花蜡梅分会会长、国际梅品种登录权威陈俊愉先生为该中心题写了匾牌。

注：此门为雪山梅园另一出入口。

3. 暗香浮动

【匾文】暗香浮动。

【释意】梅香清幽，随风远溢。

【款识】下款：醉墨书。

【规格】110厘米×30厘米×3厘米。

【材质】木匾。

【题匾人】朱毅江，1963年生，笔名醉墨，黑龙江齐齐哈尔人。中国书法家协会会员，国家一级美术师。

4. 暗香浮动

【匾文】暗香浮动。

【款识】下款：癸未春，东升。

【规格】110厘米×30厘米×3厘米。

【材质】木匾。

【题匾人】姚东升，1964年生，山东临沂人。中国书法家协会会员，山东省书法家协会副主席，临沂市青年书法家协会名

誉主席。

【简析】暗香浮动榭为三面临水建筑，取意于宋朝诗人林逋咏梅名句"疏影横斜水清浅，暗香浮动月黄昏"。主要赞美水边月下梅花的神韵与风姿。

5.摽梅亭

【匾文】摽梅亭。

【释意】抛梅传情之亭。

【款识】下款：少涛。

【规格】80厘米×30厘米×3厘米。

【材质】木匾。

【题匾人】杨少涛，1960年生，山东沂水人。沂水县政协书画院院长，临沂市书法家协会副主席，山东省书协行业建设委员会委员。

6. 摽梅亭

【匾文】摽梅亭。

【款识】下款：永海书。

【规格】80厘米×30厘米×3厘米。

【材质】木匾。

【题匾人】赵永海，1952年生，山东沂水人。曾任沂水县书法家协会副主席兼秘书长。

【简析】"摽梅亭"取意于《诗经·召南·摽有梅》"摽有梅，其实七兮。求我庶士，迨其吉兮。摽有梅，其实三兮。求我庶士，迨其今兮。摽有梅，顷筐塈之。求我庶士，迨其谓兮"。此诗记载了一群年轻女子抛梅求爱、寻觅意中人的动人场面。

此亭为双六角套亭，近看单亭屹立，远看双亭并列，故又名鸳鸯亭。亭前植"连理梅"，周围植"美人梅"，铺设"和美路"（荷荷梅梅），置放"醉月""销魂"刻石等，更宜情侣月下赏梅。

7. 五福亭

【匾文】五福亭。

【释意】梅献五福之亭。

【款识】下款：李岩选题。

【规格】100厘米×20厘米×4厘米。

【材质】木匾。

【题匾人】李岩选，1948年生，山东临沭人。从事出版编辑工作二十余年。现为中国书法家协会会员，中国楹联学会理事，山东省文史研究馆馆员等。

【简析】此亭为梅花状，仙鹤宝顶。亭周围栽植红梅、青松，寓意为梅献五福，松鹤延年。亭右侧摆放一座石雕梅花花神——寿阳公主，亭内藻井上镜像雕刻五福：乐、福、寿、顺、和。游人可于此投硬币，求五福，保平安，颇有一番情趣。

注：《尚书·洪范》"五福"为：寿、富、康宁、攸好德、考终命。民间把快乐、幸福（运）、长寿、顺利、和平作为五福的象征。

8. 坐中几客轩

【匾文】坐中几客轩。

【释意】梅若人雅之轩。

【款识】下款：传明书。

【规格】96厘米×33厘米×3厘米。

【材质】木匾。

【题匾人】尹传明，1954年生，山东沂水人。中国书法家协会会员。

【简析】轩名来自历史上一段有趣的故事。以前过春节的时候，人们都喜欢瓶插梅花，觉得这样才有年味，正所谓"山家除夕无他

事，插了梅花便过年"。据记载，有一年春节，宋代诗人杨万里一家九口，围着瓶插梅花作诗娱乐，轮到杨万里时，他作了一首七言绝句："销冰作水旋成家，犹似江头竹外斜。试问坐中还几客，九人而已更梅花。"通过巧妙的一问一答，诗人把无性情的梅花也算在自己的家人之内。

轩前植梅花名品——台阁绿萼一株。人若梅清，梅若人雅，花香笑语，相得益彰。

9. 知春亭

【匾文】知春亭。

【释意】知春、报春之亭。

【款识】下款：梅阡，庚辰春，八十又五。

【规格】105厘米×35厘米×3厘米。

【材质】木匾。

【题匾人】梅阡（1916—2002），天津人。中国剧作家、导演，中国戏剧家协会理事，中国国际书画研究会副会长等。

10. 知春亭

【匾文】知春亭。

【款识】下款：所钦。

【规格】105厘米×35厘米×3厘米。

【材质】木匾。

【题匾人】翟所钦，1944年生，山东沂水人。山东书法家协会会员。曾任乡镇党委书记，县纪委书记，县人大常委会主任等。

【简析】知春亭为四角攒尖方亭，飞檐翘角，体态秀美。其寓意有三：一是赞美梅花知春报春而不争春的品格。二是暗含梅园主人王春亭、陈明芝夫妇的名字（"知""芝"谐音）。三是梅园主人爱梅如痴，物吾同化，春亭知梅，梅知春亭也。亭周围建流杯渠，"九曲八弯"，清流环绕。早春时节，文人雅士会集于此，品茗赏梅，流觞赋诗，别有一番情趣。

附：魏然森《知春亭赋》

春亭儒雅，明芝锦慧。雪山植梅，凌寒澹泊。夫妇琴瑟，慷慨大成。步梅园以仰清风，顾廊榭以沐白露。有亭知春，四角攒尖，飞檐翘角，娉婷梅海。夫唱含雪报春之高格，妇和散香不争之胸襟。春亭如梅，明芝知春。旷世深情揽冷香入怀，神仙眷侣抱明月同眠。流觞渠携梅绕石，清流溪九曲八弯。才子相聚吟诗作赋，佳人赴约抚琴起舞。是时也，大师梅阡，麟角馈铭；名家所钦，笔意长虹。双尊共题，馨馥荃蕙；二匾同悬，汲淡濯清。余叹曰：沂水姣姣，几度梅魂铺锦绣；雪山樾樾，千钧傲骨铸风流。

甲辰年初春沂水后学魏然森习作

11. 梅石居

【匾文】梅石居。

【释意】喜梅爱石之居。

【款识】下款：甲申年中秋，徐庆明，八十三岁题。

【规格】140厘米×40厘米×3厘米。

【材质】木匾。

【题匾人】徐庆明（1921—2018），山东沂水人。抗日战争爆发后参加抗日武装，1983年离休。离休前任兰州军区炮兵部主任、副政委等。

12. 咏梅书画艺术馆

【匾文】咏梅书画艺术馆。

【释意】咏梅书画、奇石展馆。

【款识】下款：姚东升。

【规格】160厘米×40厘米×2厘米。

【材质】木匾。

【题匾人】姚东升，1964年生，山东临沂人。中国书法家协会会员，山东省书法家协会副主席，临沂市青年书法家协会名誉主席。

【简析】梅石居原为雪山梅园主人居室，是一组古典园林建筑。面阔五间，白墙、黛瓦、棕柱，质朴典雅，古色古香。门前植送春、复瓣跳枝等梅花名品，花开时节，芬芳四溢，甜香醉人。

该建筑现为咏梅书画艺术馆，主要用来举行咏梅书画展览及有关的笔会活动。

13. 玉照堂

【匾文】玉照堂。

【释意】梅花冰清玉洁、辉映如玉之堂。

【款识】下款：毅江。

【规格】140厘米×30厘米×4厘米。

【材质】木匾。

【题匾人】朱毅江，1963年生，笔名醉墨，黑龙江齐齐哈尔人。中国书法家协会会员，国家一级美术师。

14. 梅花精神与廉洁文化馆

【匾文】梅花精神与廉洁文化馆。

【释意】学习梅花精神、廉洁勤勉之馆。

【款识】下款：刘大海。

【规格】170厘米×40厘米×4厘米。

【材质】木匾。

【题匾人】刘大海，1965年生，山东临沂人。中国书法家协会会员，山东省书法家协会理事，临沂市书法家协会副主席。

【简析】玉照堂，因堂前三株绿萼梅冰清玉洁、晶莹剔透，盛开时，辉映如玉，仿佛月照堂前，故名。

现在，该馆为梅花精神与廉洁文化馆，该馆占地面积二百余平方米，馆内集中展现了中国历代四十余位文人志士学习梅花精神，实践梅花精神，廉洁自律，勤政为民，在我国政治、经济、军事、文化等领域的突出贡献和光辉形象。

15. 暗香疏影楼

【匾文】暗香疏影楼。

【释意】香幽韵胜之梅花楼。

【款识】下款：此处原为竹楼，始作餐饮之用，今扩建并名之暗香疏影，意在颂梅之韵姿气也。乙亥荷月，梅园主人志文，钰峰书。

【规格】260厘米×50厘米×4厘米。

【材质】木匾。

【题匾人】孙玉峰，1970 年生，山东沂水人。现为山东摄影家协会会员，山东青年书法家协会会员。平时以书法、篆刻、中医、绘画自娱。

【简析】暗香疏影楼为梅园主体建筑之一，仿古建筑，上下两层，建筑面积六百余平方米。一楼为梅花科普知识馆，二楼主要为园主人书房、客厅、餐厅、茶室等。

16. 梅花科普知识馆

【匾文】梅花科普知识馆。

【释意】梅花科普知识展览馆。

【款识】下款：少涛。

【规格】230厘米×48厘米×2厘米。

【材质】木匾。

【题匾人】杨少涛，1960年生，山东沂水人。沂水县政协书画院院长，临沂市书法家协会副主席，山东省书协行业建设委员会委员。

【简析】梅花科普知识馆主要展示梅花科普知识（图片、影像），梅花的医药保健作用，梅花的审美价值等。能同时容纳六七十人在此开展各类活动。

17. 梅香书屋

【匾文】梅香书屋。

【释意】梅香飘溢之书屋。

【款识】下款：戊寅年春月，王宝玉。

【规格】140厘米×
40厘米×3厘米。

【材质】木匾。

【题匾人】王宝玉，
山东沂水人。教师，书法家，尤工行楷。

【简析】梅香书屋位于雪山梅园暗香疏影楼二楼西端，为梅园
主人王春亭、陈明芝夫妇之书房。楼下朱砂、宫粉梅已探身二楼走
廊，花开时节，在书房内读书习字，即能赏梅色，闻梅香，品梅
韵，别有一番雅致情趣。

18. 梅香

【匾文】梅香。

【释意】梅香怡人。

【款识】下款：毅江书。

【规格】110厘米×38厘米×5厘米。

【材质】木匾。

【题匾人】朱毅江，1963年生，笔名醉墨，黑龙江齐齐哈尔人。中国书法家协会会员，国家一级美术师。

【简析】"梅香"挂于暗香疏影楼一楼工作室门楣之上。梅花节庆期间到访的书画艺术爱好者，可在此品茶、休息、艺术创作等。

19. 知春园

【匾文】知春园。

【释意】梅报早春之园。

【款识】下款：勇满然题。

【规格】60厘米×24厘米×4厘米。

【材质】木匾。

【题匾人】勇满然，1942年生，北京人。学者型画家，擅长花鸟，尤钟情于松竹梅。曾用五年时间，行程两万多公里，考察我国古梅一百余株，并为其传神写照，著《勇满然画中华古梅》等。

【简析】知春园为梅园园中园，园内建有暗香疏影楼、梅花科普知识馆、梅花精神与廉洁文化馆，栽植金钱绿萼、红须朱砂、贵妃台阁、复瓣跳枝等名优梅花品种等，系梅文化集中展示地之一。

20. 冰清玉洁

【匾文】冰清玉洁。

【释意】清澈透明，洁白无瑕。

【款识】下款：刘汉文。

【规格】156厘米×26厘米。

【材质】石匾。

【题匾人】刘汉文（1956—2020），山东沂水人。当代书法家，尤擅楷书。

【简析】"廿"字型石坊，为雪山梅园建园二十周年而建。冰清玉洁，意在赞美梅花淡泊名利、孤高雅洁的品格。

21. 宜霜宜月

【匾文】宜霜宜月。

【释意】梅花宜雪犹宜月。

【款识】下款：己亥之秋月，丁玉奎书。

【规格】156厘米×26厘米。

【材质】石匾。

【题匾人】丁玉奎，1965年生，山东沂水人。临沂市书法家协会会员。

　　【简析】"廿"字型石坊，为雪山梅园建园二十周年而建。"宜霜宜月"，源于南宋叶绍翁《赏梅》"梅花宜雪犹宜月，水畔山边更自奇"句意。

22. 香影

　　【匾文】香影。

　　【释意】梅香暗度。

　　【款识】下款：辛巳

年秋，江苏晓虎。

　　【规格】90厘米×25厘米×3厘米。

　　【材质】木匾。

　　【题匾人】张晓虎，1969年生，江苏沭阳人。现为中国艺术研究院特邀创作员，中国书画创作院艺教委员等。

【简析】梅，色、香、神、韵、姿俱佳。香影，即梅影。此为百梅图长廊中间一段半亭，两边楹联为"廊中香暗度，亭外风徐来"，廊内镶嵌历代（自宋元以来）一百幅梅花精品。这些作品，千姿百态，风格迥异。如金农的清奇，王冕的超逸，李方膺的淡雅，八大山人的冷隽，扬无咎的清意逼人，陈继儒的洒脱自在，吴昌硕的古朴拙劲，文徵明的清丽高古等。

此成果于2001年8月被上海大世界基尼斯总部确认为"大世界基尼斯之最"。

23. 暗香

【匾文】暗香。

【释意】幽香沁人。

【款识】下款：明芝。

【规格】80厘米×20厘米×3厘米。

【材质】木匾。

【题匾人】陈明芝，号一梅，1954年生，山东沂水人。临沂市书法家协会会员。

【简析】暗香亭为半亭，乃咏梅诗词碑廊中段出入口。廊长八十余米，镶嵌历代咏梅诗词七十九首。这些诗词把梅花高洁、坚强、谦虚的品格表现得淋漓尽致。

24.疏影

【匾文】疏影。

【款识】下款：少涛。

【规格】80厘米×20厘米×3厘米。

【材质】木匾。

【题匾人】杨少涛，1960年生，山东沂水人。沂水县政协书画院院长，临沂市书法家协会副主席，山东省书协行业建设委员会委员。

【简析】"疏影"为咏梅诗词碑廊南端出入口。碑廊内当代书画家刘艺、聂成文、张海、朱关田、王冬龄等高超的书法艺术和鲜明的个性特点，让游客流连忘返，赞不绝口。

25. 衔霜

【匾文】衔霜。

【释意】凌霜怒放。

【款识】下款：保贤。

【规格】45 厘米 × 18 厘米 × 1 厘米。

【材质】砖匾。

【题匾人】李保贤，1951年生，山东济南人。山东省书法家协会会员。

26. 映雪

【匾文】映雪。

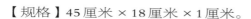

【释意】傲雪而开。

【款识】下款：李锡恩题。

【规格】45厘米×18厘米×1厘米。

【材质】砖匾。

【题匾人】李锡恩（1963—2008），山东临沂人。生前系中国书协会员，中国铁路书协副主席，中书院山东分院副院长，铁龙印社社长等。

【简析】"衔霜""映雪"为梅园月洞门其一之匾额。匾文引自南北朝诗人何逊《扬州法曹梅花盛开》"衔霜当路发，映雪拟寒开"诗句，称赞梅花笑对霜雪、凌寒而开的品格。

27. 添思

【匾文】添思。

【释意】寒风强暴，反添情思。

【款识】下款：靳新。

【规格】45厘米×18厘米×1厘米。

【材质】砖额。

【题匾人】靳新。

28. 助香

【匾文】助香。

【释意】大雪欺凌，更助梅香。

【款识】下款：靳新。

【规格】45厘米×18厘米×1厘米。

【材质】砖额。

【题匾人】靳新，1970年生，山东沂水人。中国楹联学会、中国收藏家协会、中国硬笔书法家协会会员等。

【简析】"添思""助香"为梅园月洞门其二之匾额。匾文引自唐代韩偓《梅花》"风虽强暴翻添思，雪欲侵凌更助香"诗句，是说寒风强暴，大雪欺凌，却只能给梅花增添香气与情思，意在赞美梅花的高洁情怀与坚贞操守。

29.冰姿

【匾文】冰姿（引自《三希堂画宝》第五册《梅谱》）。

【释意】姿态淡雅。

【款识】下款：蔗农伊龄。

【规格】45厘米×23厘米×1厘米。

【材质】砖匾。

【题匾人】不详。

30. 玉质

【匾文】玉质（引自《三希堂画宝》第五册《梅谱》）。

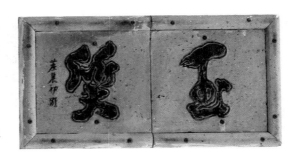

【释意】质美如玉。

【款识】下款：蔗农伊龄。

【规格】45厘米×23厘米×1厘米。

【材质】砖匾。

【题匾人】不详。

【简析】"冰姿""玉质"为梅园梅花形月洞门之匾额。该门将梅园"知春园"一分为二，东园为咏梅书画艺术馆与梅花精神与廉洁文化馆，西园为梅花科普知识馆。

31. 高标

【匾文】高标。

【释意】品格高尚。

【款识】下款：国华。

【规格】45厘米×18厘米×1厘米。

【材质】砖匾。

【题匾人】柴国华，1958年生，山东泰安人。山东省书法家协会会员。

32. 逸韵

【匾文】逸韵。

【释意】风韵俊逸。

【款识】下款：玉光。

【规格】45 厘米 × 18

厘米 × 1 厘米。

【材质】砖匾。

【题匾人】吕玉光，1953 年生，山东临沂人。曾从事邮电工作，现任临沂市书法家协会副主席。

【简析】"高标""逸韵"为梅园月洞门其三之匾额。匾文取自宋代陆游《梅花绝句》（其二）"高标逸韵君知否，正是层冰积雪时"之诗句，赞美梅花傲雪凌霜的高洁品质。

33. 含霜

【匾文】含霜。

【释意】凝霜带雪。

【款识】下款：一梅。

【规格】45厘米×18厘米×1厘米。

【材质】砖匾。

【题匾人】陈明芝，号一梅，1954年生，山东沂水人。临沂市书法家协会会员。

34.映月

【匾文】映月。

【释意】淡月梅花。

【款识】下款：一梅。

【规格】45厘米×18厘米×1厘米。

【材质】砖匾。

【题匾人】陈明芝（见第253页33.含霜【题匾人】简介）。

【简析】"含霜""映月"为梅园月洞门其四（卫生间）之匾额。2000年7月28日，笔者二人到邓尉香雪海考察下山时，在司徒庙景区，见其卫生间自成院落，典雅不俗。受其启发，梅园在建设卫生间时也单独建院，月洞门，扇形窗。月洞门右侧栽宫粉梅一棵，左侧植"金镶玉"竹一丛，正面异型梅花花坛种赤松一株，组成"岁寒三友"景观，意在赞美梅花凌寒怒放、松竹经冬不凋的高尚品格。

主要参考书目

李瑞清：《清道人遗集》，黄山书社2011年3月版。

刘光瑞：《中国匾额学研究》，重庆出版社2013年6月版。

曹林娣：《苏州园林匾额楹联鉴赏（修订本）》，华夏出版社1999年1月版。

斯舜威：《名家题斋》，西泠印社出版社2006年3月版。

朱亚夫：《名家斋号趣谈（续）》，江西美术出版社2005年7月版。

张廷济研究会编：《眉寿不朽：张廷济金石书法作品集》，上海书画出版社2019年9月版。

上海油画雕塑院：《吴湖帆文献》，上海书画出版社2018年3月版。

杨晓东：《光福》，古吴轩出版社1998年12月版。

戴庆钰：《网师园》，古吴轩出版社1998年12月版。

王宗拭：《拙政园》，古吴轩出版社1998年12月版。

董寿琪：《虎丘》，古吴轩出版社1998年12月版。

周苏宁：《沧浪亭》，古吴轩出版社1998年12月版。

张橙华：《狮子林》，古吴轩出版社1998年12月版。

华钰麟：《无锡旧事》，广陵书社2009年6月版。

张蕾、袁蓉、曹志君：《南京瞻园史话》，南京出版社2008年7月版。

王建玲：《梁园》，广东人民出版社2007年8月版。

金志敏主编：《郭庄》，西泠印社出版社2007年9月版。

绍兴市河道综合整治投资开发有限公司编印：《西园》，2001年4月。

后 记

本来，笔者第五种梅文化著作写作计划是《咏梅题画诗品读》，而且从2020年冬就已经开始收集资料。但2021年4月，临沂市成立琅琊匾额文化研究专业委员会，县文联推荐笔者加入。既然加入该研究会，就应该做点与匾额有关的事情。于是，从2021年9月18日起，笔者先暂停了咏梅题画诗的资料收集工作，转而集中收集整理与梅有关的匾额。

2020—2022年，笔者未能外出考察，主要整理原有的资料（笔者于2015年在齐鲁书社出版《咏梅斋号考略》，其中颇多涉及与梅花有关的匾额）。从2023年4月开始，笔者先后外出考察五次，历经八个省、两个直辖市，2024年上半年又去了江苏、湖北、江西三个省，有针对性地进行实地考察，拾遗补缺。

书稿在撰写过程中，得到了许多专家、学者、同事、朋友的大力支持。

2022年3月19日晚，笔者偶然发现中国国家博物馆展出"梅澜芳华：梅兰芳艺术人生展"。八个单元中，有一个单元是"梅馨缀玉轩"，展出梅兰芳在北京的书斋"缀玉轩"等相关藏品。当时，笔者正苦于查寻不到此匾，于是第二天（周日）一大早就与北京市东城区园林管理中心教授级高级工程师许连瑛女士联系。许工知悉后，几经周折，于3月22日（周二，中国国家博物馆周一休息）专程到中国国家博物馆拍摄了数十张笔者急需的图片资料。

2023年9月11日上午，笔者冒雨赶到成都崇州罨画池陆游祠考察时，此景区正在全面整修提升，要到9月29日才恢复营业。情急之下，笔者向四川花卉协会梅花蜡梅分会会长何相达先生求助。何相达先生不但热情地接待了笔者，事后还提供了许多罨画池陆游祠的珍贵资料。

在笔者实地考察期间，无锡梅园公园管理处主任董斌仁先生，武汉东湖梅园管理处主任江润清先生，杭州植物园高级工程师、园艺景观营建中心主任胡中先生，南京梅花山园林管理处副处长杨波先生，南京梅花山梅花研究中心主任李长伟先生，南京瞻园殷晓彤女士等，均在百忙之中抽出时间，热情地陪同参观、考察，并为笔者详细地讲解其中的文化、历史与曾经的故事。

2023年4月12日下午，笔者在广州玉岩书院偶遇书院工作人员李攀攀先生。李先生得知笔者来意后，热情主动地介绍了玉岩书院许多鲜为人知的文史知识。其后，李先生又数次为笔者拍摄玉岩书院、萝岗香雪公园的有关图片，解答疑难问题，而且连广州黄埔区萝岗街道荔红二路上的"萝岗香雪"牌坊，也提供了有关的资料与图片。

南京大学花卉植物学教授王保忠先生，不顾工作繁忙，数次到南大仙林校区拍摄与梅有关的图片，为笔者提供了许多珍贵的第一手资料。

2024年春节前夕，为了有针对性地收集一些咏梅匾额，笔者在全国梅花蜡梅协会群里发了一条消息，征集梅友们的有关匾额。武汉东湖梅园高级工程师陶冬枝女士第一时间加了笔者微信，并冒着几十年一遇的大冰雪天气，为笔者拍摄相关的匾额、楹联。

福建泉州一带梁氏家族的大门口，经常可以看到"梅镜传芳"

的横匾堂号。但由于没有确切的位置（地市、社区、村落），故难以实地考察。正好笔者大妹妹的儿女亲家彭伴水先生就是泉州人，于是就委托彭先生在当地寻找，后经过多方打听，几经周折，终于拍到了几块"梅镜传芳"匾额。

浙江诸暨斯舜梅园斯舜厚先生、山东临朐龙山梅园丁国田先生、山东莱州梅园朱志奇先生等，也相继提供了自己梅园的匾额、楹联及有关资料。

本书责任编辑李军宏女士，从书稿的编辑到印制等各个环节，都给予了倾心指导与热情帮助。

在本书即将付梓之际，特向上述诸位给予大力支持的专家、学者、友朋表示衷心感谢并致以崇高敬意。

本书还参考、借鉴了一些专家学者的研究成果，在此特表谢意。但是，由于没有著作者的联系方式，故未能在本书出版前征得作者本人或其亲属的使用许可。为此，笔者深表歉意，并请作者或其亲属得见本书后，及时与出版社及笔者联系，届时将按国家有关规定，赠送样书或支付相应稿费。

由于受时间、地点、资料、学识等多种因素的制约，本书中定有许多不足甚至谬误之处，恳请各位专家、学者与广大读者不吝赐教。

王春亭

2024 年 4 月 29 日于雪山梅园梅香书屋